Dr. Heiner Klenke

Ablaufplanung bei Fließfertigung

Band 11 der Schriftenreihe des Seminars für Allgemeine Betriebswirtschaftslehre der Universität Hamburg

Im Mittelpunkt der vorliegenden Untersuchung stehen Lösungsverfahren zur Gestaltung des Produktionsablaufs bei Fließfertigung. Bei dieser Fertigungsform besteht die Aufgabe darin, die einzelnen Bearbeitungen unter Berücksichtigung gegebener Beschränkungen den einzurichtenden Arbeitsstationen zuzuordnen. Für dieses Planungsproblem hat sich in der Literatur die Bezeichnung „Fließbandabstimmung“ durchgesetzt.

Während bei der klassischen Fließbandabstimmung eine sukzessive Planung der Taktzeit und der Zahl der Stationen angestrebt wird, berücksichtigt die interdependente Fließbandabstimmung die zwischen Taktzeit und Stationenzahl bestehenden Zusammenhänge.

Nach der Darstellung der bei der Optimierung zu beachtenden Beschränkungen und der Erörterung der zugrunde gelegten Zielsetzungen werden zunächst Lösungsverfahren zur interdependenten Fließbandabstimmung bei vorgegebenen Bearbeitungszeiten vorgestellt. Im Mittelpunkt steht dabei ein kombinatorisches Verfahren.

Nach einem Vergleich der leistungsfähigsten Verfahren zur klassischen Fließbandabstimmung wird über die numerischen Erfahrungen berichtet, die mit dem kombinatorischen Verfahren zur interdependenten Fließbandabstimmung in Verbindung mit einzelnen Lösungsverfahren zur klassischen Fließbandabstimmung gewonnen wurden.

Im letzten Abschnitt werden schließlich Lösungsverfahren zur interdependenten Fließbandabstimmung bei stochastischen Bearbeitungszeiten entwickelt. Zunächst werden Wahrscheinlichkeitsnebenbedingungen in das kombinatorische Verfahren einbezogen. Sodann werden die Mindestwahrscheinlichkeit simultan mit der Planung der Taktzeit und der Zuordnung der Bearbeitungen auf die Arbeitsstationen festgelegt.

Betriebswirtschaftlicher Verlag Dr. Th. Gabler, Wiesbaden

Klenke

Ablaufplanung bei Fließfertigung

Schriftenreihe des Seminars für Allgemeine Betriebswirtschaftslehre
der Universität Hamburg

Herausgeber:

Seminar für Allgemeine Betriebswirtschaftslehre der Universität Hamburg
Der Geschäftsführende Seminardirektor

Band 11

In der Schriftenreihe des Seminars für Allgemeine Betriebswirtschaftslehre der Universität Hamburg werden hervorragende betriebswirtschaftliche Forschungsarbeiten veröffentlicht, die an der Universität Hamburg erstellt wurden.

Der Geschäftsführende Seminardirektor

Dr. Heiner Klenke

Ablaufplanung bei Fließfertigung

Betriebswirtschaftlicher Verlag Dr. Th. Gabler · Wiesbaden

ISBN 978-3-409-34421-0 ISBN 978-3-322-91728-7 (eBook)
DOI 10.1007/978-3-322-91728-7

Geleitwort

Für die Gestaltung des Produktionsablaufs als Teil der Produktionsplanung ist — anders als für die Bereitstellungs- und Programmplanung — das verwendete Fertigungsverfahren von entscheidender Bedeutung. Bei der Behandlung der Probleme der Ablaufplanung hat sich deshalb entsprechend der Produktionsstruktur eine klare Zweiteilung vollzogen, in Ablaufplanung bei Werkstatt- und Reihenfertigung ohne Zeitzwang einerseits, Reihenfertigung mit Zeitzwang, die als Fließfertigung bezeichnet wird, andererseits.

Die nachstehende Untersuchung ist der Ablaufplanung bei Fließfertigung gewidmet und enthält neben einer Beschreibung des sogenannten Fließbandabstimmungsproblems einen systematischen Überblick und Vergleich der wesentlichen Verfahren zur sukzessiven Planung von Taktzeit und zur Zuordnung von Arbeitselementen auf Fertigungsstationen. Das eigentliche Ziel des Verfassers ist es, unter Verwendung dieser Planungsansätze zu einer interdependenten Festlegung von Taktzeit und Stationenzahl zu gelangen. Der von ihm sowohl für deterministische als auch für stochastische Bearbeitungszeiten entwickelte kombinatorische Lösungsansatz stellt — wie die Ergebnisse der umfangreichen numerischen Anwendung zeigen — einen wirklichen Fortschritt in diesem wichtigen Bereich der Produktionsplanung dar.

Horst Seelbach

Inhaltsverzeichnis

Seite

Seite

1. Einführung

Die Ablaufplanung bildet zusammen mit der Planung der Fertigungsauftragsgröße die Planung des Produktionsprozesses, die wie auch die Programm- und Bereitstellungsplanung Teil der Produktionsplanung industrieller Unternehmen ist [1]. Während die Programmplanung die im Sinne einer vorgegebenen Zielsetzung optimalen Produktarten und -mengen - das optimale Produktionsprogramm - festlegt, besteht die Aufgabe der Bereitstellungsplanung darin, die für die Realisierung des Produktionsprogramms erforderlichen Produktionsfaktoren zur Verfügung zu stellen [2]. Dritter Bestandteil der Produktionsplanung ist die Planung des Produktionsprozesses, d.h. die Planung des Prozesses "der Gewinnung, Erzeugung oder Fertigung selbst"[3]. Werden lagerfähige Produkte hergestellt, so hat die Prozeßplanung zunächst die Aufgabe, die durch die Programmplanung festgelegten Produktmengen in Aufträge aufzuteilen und somit die Auftrags- bzw. Losgrößen zu bestimmen. Unter einem Auftrag versteht man dabei "eine Produkteinheit oder eine festgelegte Menge identischer Produkte" [4], die auf den verschiedenen Stufen eines Produktionsprozesses bearbeitet werden müssen. Diese Produktionsstufen sind durch unterschiedliche Maschinenarten gekennzeichnet, wobei als Maschine eine Einrichtung verstanden wird, die eine bestimmte Bearbeitung ausführen kann.

Die Aufgabe des zweiten Teils der Prozeßplanung, der Ablaufplanung, ist mit der Entscheidung über den Organisationstyp der Fertigung, d.h. der räumlichen Anordnung der Maschinen, eng verknüpft. Werden die Maschinen, die an den Aufträgen

---

1) Zu diesem System der Produktionsplanung vgl. GUTENBERG -1951-, S. 125.

2) Da es sich bei den bereitzustellenden Produktionsfaktoren um Betriebsmittel, Arbeitskräfte und Werkstoffe handelt, umfaßt die Bereitstellungsplanung die Investitions-, Personal- und Beschaffungsplanung für Werkstoffe.

3) GUTENBERG -1969-, S. 197.

4) SEELBACH et al.-1975-, S. 14.

gleiche oder gleichartige Bearbeitungen ausführen können, zu fertigungstechnischen Einheiten, den sogenannten Werkstätten, zusammengefaßt, liegt Werkstattfertigung [1] vor. Für diesen Organisationstyp der Fertigung, bei dem der Weg der Aufträge im mehrstufigen Produktionsprozeß durch die erforderlichen Bearbeitungen und den Standort der Maschinen bestimmt wird, besteht die Aufgabe der Ablaufplanung darin, die im Sinne einer vorgegebenen Zielsetzung optimale Reihenfolge zu bestimmen, in der die Aufträge auf den Maschinen zu bearbeiten sind[2]. Zu beachten sind dabei insbesondere die im allgemeinen technisch bedingten Maschinenfolgen der Aufträge, d.h. die Reihenfolgen, in denen "die Bearbeitungen an den einzelnen Aufträgen vorzunehmen sind" [3]. Bei gleicher Maschinenfolge für alle Aufträge spricht man von flow-shop, andernfalls von job-shop [4].

Im Gegensatz zur Werkstattfertigung werden bei der Reihenfertigung die Maschinen, die bei diesem Organisationstyp der Fertigung als Arbeitsstationen (Stationen) bezeichnet werden, entsprechend der Reihenfolge der an dem Erzeugnis vorzunehmenden Bearbeitungen angeordnet [5]. Nach der Art der zeitlichen Bindung der einzelnen Arbeitsstationen lassen sich zwei Formen der Reihenfertigung unterscheiden. Ist die für die Bearbeitungen erforderliche Zeit "nicht vorgeschrieben, der Fertigungsgang also nicht zeitgeregelt, dann spricht man von Reihen-

---

1) Vgl. GUTENBERG -1969-, S. 96 ff.; SCHÄFER -1969-, S. 171 ff.; FÄßLER-REICHWALD -1972-, S. 255; HAMMER -1973-, S. 56 ff.

2) Vgl. GUTENBERG -1969-, S. 213 ff.; SEELBACH -1974-, Sp. 9. Eine Übersicht über die zur Ablaufplanung bei Werkstattfertigung entwickelten Lösungsverfahren geben u.a. HOSS -1965-, S. 86 ff.; CONWAY-MAXWELL-MILLER -1967-, S. 105 ff.; MENSCH -1968-, S. 63 ff.; KRYCHA -1969-, S. 76 ff.; SIEGEL -1974-, S. 62 ff.; SEELBACH et al. -1975-, S. 40 ff.

3) SEELBACH -1974-, Sp. 9.

4) Vgl. z.B. CONWAY-MAXWELL-MILLER -1967-, S. 5 ff.; ASHOUR -1972-, S. 9.

5) Vgl. z.B. GUTENBERG -1969-, S. 98.

fertigung ohne Zeitzwang" [1]. Charakteristisch für diese Form der Reihenfertigung sind die zwischen den Arbeitsstationen eingerichteten Pufferlager, die eine bestimmte Zeit lang den Output der vorhergehenden Arbeitsstation aufnehmen oder die folgenden Arbeitsstationen mit zu bearbeitenden Erzeugniseinheiten versorgen können und auf diese Weise - zumindest für eine bestimmte Zeitspanne - einen zeitlich voneinander unabhängigen Produktionsablauf der Arbeitsstationen bewirken.

Zeitlich voneinander abhängig sind dagegen die Arbeitsstationen bei der Reihenfertigung mit Zeitzwang. Diese auch als Fließfertigung bezeichnete Form der Reihenfertigung [2] steht in dieser Arbeit im Mittelpunkt der Untersuchungen zur Ablaufplanung. Bei Fließfertigung ist - im Gegensatz zur Reihenfertigung ohne Zeitzwang - die den Arbeitsstationen für die Durchführung der einzelnen Bearbeitungen zur Verfügung stehende Zeit festgelegt. Diese Zeit wird als Taktzeit bezeichnet und darf nicht überschritten werden, da andernfalls der reibungslose Ablauf des Produktionsprozesses gefährdet wird [3]. Die Fließfertigung wird somit sowohl durch "eine dem Fertigungsablauf des Erzeugnisses entsprechende lückenlose örtliche Folge von Arbeitsstationen (örtliche Kopplung)" [4] als auch durch eine zeitliche Abstimmung aller in den Fertigungsablauf einbezogenen Bearbeitungen ("zeitliche Kopplung" [5]) gekennzeichnet.

Die Art der örtlichen Kopplung der einzelnen Arbeitsstationen ist unbedeutend. Der Transport der zu bearbeitenden Erzeugnis-

---

1) GUTENBERG -1969-, S. 99. Häufig wird auch von Linien- oder Straßenfertigung gesprochen; vgl. BERGER -1967-, S. 185; FÄßLER-REICHWALD -1972-, S. 257 f.

2) Vgl. z.B. GUTENBERG -1969-, S. 99; RIEBEL -1963-, S. 156; HAMMER -1973-, S. 61.

3) Vgl. CARNAP -1955-, S. 25; NOWAK -1959-, S. 7; FAENSEN-HOFMANN -1962-, S. 25; GUTENBERG -1969-, S. 99.

4) 5) CARNAP (-1955-, S. 31) in Anlehnung an die bereits bei MÄCKBACH-KIENZLE (-1926-, S. 5) zu findende Definition: "Fließarbeit ist eine örtlich fortschreitende, zeitlich bestimmte, lückenlose Folge von Arbeitsgängen".

einheiten muß demnach nicht unbedingt mit einer mechanischen Fördereinrichtung, einem Fließband, erfolgen, sondern kann auch manuell vorgenommen werden [1]. Entscheidend für das Wesen der Fließfertigung ist vielmehr die durch unterschiedliche Maßnahmen zu erreichende zeitliche Abhängigkeit der einzelnen Arbeitsstationen. Werden die Erzeugniseinheiten von Hand weitergegeben, kann die zeitliche Kopplung durch optische oder akustische Signale vorgenommen werden [2]. Darüber hinaus kann auch die Fördereinrichtung eine zeitliche Abhängigkeit der Arbeitsstationen bewirken, unabhängig davon, ob die Bewegung der Erzeugniseinheiten im Takt oder kontinuierlich erfolgt. Bei einer im Takt arbeitenden Fertigung werden die Erzeugniseinheiten jeweils "nach einer im ruhenden Zustand ausgeführten Arbeitsoperation nach Ablauf einer festgelegten Frist" [3] zur nächsten Arbeitsstation weiterbefördert. Dieser rhythmisch-intermittierende Transport der Erzeugniseinheiten ist typisch für das taktweise fortschreitende Fließband, bei dem die Taktzeit durch die Anhaltezeit des Bandes determiniert wird [4]. Ein stetiger Fertigungsfluß kann dagegen mit Hilfe eines kontinuierlich laufenden Fließbandes erzielt werden, auf dem die Erzeugniseinheiten ohne Unterbrechung mit konstanter Bandgeschwindigkeit von Station zu Station transportiert werden. Während der Bewegung des Bandes werden alle Bearbeitungen ausgeführt. Die eingesetzten Arbeitskräfte gehen in Laufrichtung des Fließbandes eine bestimmte Strecke am Band mit, führen dabei an der jeweiligen Erzeugniseinheit die erforderlichen Bearbeitungen aus und gehen anschließend gegen die Bandlaufrichtung zur nächsten Erzeugniseinheit zurück, um an dieser die Bearbeitungen zu wiederholen [5]. Bei dieser Form der Fließbandfertigung wird die Taktzeit durch die Bandgeschwin-

---

1) Vgl. LAUKE -1928-, S. 5; CARNAP -1955-, S. 32; NOWAK -1959-, S. 5; HAMMER -1973-, S. 61.

2) Vgl. MUTHER -1944-, S. 118; HAHN -1972-, S. 19.

3) CARNAP -1955-, S. 39.

4) Vgl. FAENSEN-HOFMANN -1962-, S. 32; REINERS -1968-, S. 118 f.

5) Vgl. FAENSEN-HOFMANN -1962-, S. 32.

digkeit und den Abstand bestimmt, in dem die Erzeugniseinheiten aufgelegt werden [1].

Betrachtet man ein Einproduktunternehmen oder ein Mehrproduktunternehmen mit paralleler Fertigung, bei der auf jedem Fließband nur jeweils eine Produktart hergestellt wird, so bedarf es - anders als bei Werkstattfertigung - für beide Formen der Reihenfertigung keiner Reihenfolgeplanung, da alle Erzeugniseinheiten die Arbeitsstationen in gleicher Reihenfolge durchlaufen und "es wegen der Homogenität der Produkte gleichgültig ist, in welcher Reihenfolge sie hergestellt werden" [2]. Die Aufgabe der Ablaufplanung besteht hier dagegen insbesondere darin, die einzelnen Bearbeitungen im Sinne einer vorgegebenen Zielsetzung unter Berücksichtigung gegebener Beschränkungen den einzurichtenden Arbeitsstationen zuzuordnen [3]. Obwohl ein Fließband - wie bereits erwähnt - keine Voraussetzung für die Fließfertigung ist, hat sich in der Ablaufplanungs-Literatur für dieses Planungsproblem die Bezeichnung Fließbandabstimmung durchgesetzt. Diese Bezeichnung wird daher auch in dieser Arbeit anderen Begriffen wie beispielsweise Bandabgleichung oder Leistungsabstimmung [4] vorgezogen.

Zusätzlich zur Fließbandabstimmung ist nur dann ein Reihenfolgeproblem zu lösen, wenn auf einem Fließband mehrere fertigungsverwandte Erzeugnisarten produziert werden. Sofern die Erzeugnisarten in Losen aufgelegt werden [5], erfolgt die Abstimmung des Fließbandes - ebenso wie bei der parallelen Fließfertigung - für jede Erzeugnisart getrennt, da das Fließband zur gleichen Zeit nur von einer Erzeugnisart belegt ist. Darüber hinaus sind bei dieser Form der Mehrproduktfertigung sowohl die Losgrößen als auch die Umrüstfolge der Erzeugnis-

---

1) Vgl. HAHN -1972-, S. 19.

2) SIEGEL -1974-, S. 18.

3) Vgl. z.B. HAHN -1972-, S. 24 f.; ZÄPFEL -1973-, S. 14.

4) Vgl. z.B. HAHN-LUTZ-ROSCHMANN -1968-; ZÄPFEL -1973-.

5) Vgl. YOUNG -1967-, S. 70; WILD -1972-, S. 46; HAHN -1972-, S. 18 f.

arten zu bestimmen [1]. Neben der Fließbandabstimmung tritt aber auch dann ein Reihenfolgeproblem auf, wenn die Erzeugnisarten gleichzeitig über ein Fließband laufen. Denn in diesem Fall ist neben der gemeinsamen Zuordnung der Bearbeitungen aller Erzeugnisarten auf die Arbeitsstationen [2] ebenfalls die Reihenfolge zu bestimmen, in der die einzelnen Erzeugniseinheiten der unterschiedlichen Produktarten aufzulegen sind [3]. Schließlich besteht die Aufgabe der Ablaufplanung bei Reihenfertigung ohne Zeitzwang neben der Zuordnung der Bearbeitungen zu den Arbeitsstationen auch darin, die im Sinne einer vorgegebenen Zielsetzung optimale Zahl der einzurichtenden Pufferlager sowie deren optimalen Standorte und Kapazitäten festzulegen [4]. Von diesen hier kurz skizzierten Planungsproblemen stellt in der vorliegenden Arbeit das Fließbandabstimmungsproblem das zentrale Untersuchungsobjekt dar.

Obwohl die Fließfertigung seit mehr als 60 Jahren zur industriellen Produktion von Erzeugnissen angewendet wird [5], wurde den hierbei zu lösenden Ablaufplanungsproblemen

---

1) Zur Bestimmung der Losgrößen und der Umrüstfolge der Erzeugnisarten vgl. z.B. den Überblick von HAHN -1972-, S. 127 ff. und S. 110 ff.

2) Zu diesem sogenannten Mehrproduktabstimmungsproblem vgl. HEUERTZ -1962-; CNOSSEN-GOODWYNE -1966-; THOMOPOULOS -1968-, S. 348 f.; MACASKILL -1969-; ROBERTS-VILLA -1970-, S. 361 ff.; THOMOPOULOS -1970-, S. 594 ff.; DEUTSCH -1971-, S. 32 ff.; MACASKILL -1972-, S. 423 ff.

3) Zum Reihenfolgeproblem vgl. WESTER-KILBRIDGE -1964-, S. 247 ff.; THOMOPOULOS -1966-; PRENTING -1967-, S. 102 f.; THOMOPOULOS -1967-, S. B 59 ff.; COLLEY -1969-, S. 512 ff.; MACASKILL -1969-; DAR-EL-COTHER -1975-, S. 463 ff.

4) Zur Pufferlagerplanung wurden außer Ansätzen der Warteschlangentheorie insbesondere Simulationsmodelle entwickelt. Zur Simulation bei der Pufferlagerplanung vgl. z.B. BARTEN -1962-; BEEK -1964-; FREEMAN -1964-; DOMKE -1966-; HILLIER-BOLING -1966-; BUZACOTT -1967-; FREEMAN -1967-; ANDERSON-MOODIE -1969-.

5) Bei FORD wurde bereits im Jahre 1913 im Werk Highland-Park nach dem Fließprinzip verfahren.

- insbesondere dem Fließbandabstimmungsproblem - in der betriebswirtschaftlichen Forschung erst sehr viel später Aufmerksamkeit gewidmet [1]. Bis zur Mitte der fünfziger Jahre wurden die Fließbänder mit Hilfe sogenannter "trial-and-error"-Verfahren [2] ausschließlich manuell abgestimmt. Die manuelle Abstimmung [3] erfordert jedoch - besonders bei größeren Problemen und häufigen Datenänderungen - einen hohen Arbeits- und Zeitaufwand. Darüber hinaus stimmen die hiermit erzielten Abstimmungsergebnisse nur in seltenen Fällen mit den Optimallösungen überein [4].

Quantitative Methoden der Unternehmensforschung, die sowohl eine exakte als auch eine beschleunigte Lösung betriebswirtschaftlicher Planungsprobleme ermöglichen, werden erst seit den Arbeiten von BRYTON und SALVESON [5] aus den Jahren 1954 und 1955 zur Lösung von Fließbandabstimmungsproblemen eingesetzt. Die Mehrzahl der seitdem - besonders im angloamerikanischen Sprachbereich - entwickelten Lösungsverfahren geht vom Einproduktunternehmen aus und eliminiert damit das Problem der Reihenfolgeplanung, so daß die Ablaufplanung allein in der Abstimmung des Fließbandes besteht. Eine weitere Einschränkung besteht darin, daß die Lösungsverfahren - von wenigen Ausnahmen abgesehen - vom sogenannten klassischen Fließbandabstimmungsproblem ausgehen, das in den folgenden beiden Varianten auftritt [6]:

(1) Bei der ersten, am häufigsten anzutreffenden Form [7] wird die Taktzeit durch die im Zuge der Programmplanung festge-

1) Vgl. BRUSBERG -1965-, S. 175.

2) Vgl. KILBRIDGE-WESTER -1961/1-, S. 292; FORD MOTOR COMPANY -1964-, S. 2; MOODIE -1964-, S. 14; DICK -1966-, S. 71 ff.; PIERCE -1968-, S. 20.

3) Vgl. hierzu MARIOTTI -1970-, S. 36 ff.

4) Vgl. CARUSO -1965-, S. 52.

5) BRYTON -1954-; SALVESON -1955-, S. 18 ff.

6) Vgl. CAULEY -1968-, S. 223 f.; BUXEY-SLACK-WILD -1973-, S. 38; ZÄPFEL -1973-, S. 15.

7) Vgl. KERN -1967-, S. 147; ZÄPFEL -1973-, S. 19.

legte Produktionsmenge des Erzeugnisses und die für die Fertigung dieser Menge vorgesehene Arbeitszeit determiniert [1]. Für die vorgegebene Taktzeit sind die Bearbeitungen den Arbeitsstationen derart zuzuordnen, daß die Zahl der Stationen minimiert wird.

(2) Statt der Taktzeit wird gelegentlich die Zahl der Stationen vorgegeben. In diesem Fall sind die Bearbeitungen derart auf die Arbeitsstationen zu verteilen, daß die Taktzeit minimiert wird.

Beide Varianten des klassischen Fließbandabstimmungsproblems streben somit eine sukzessive Planung der Taktzeit und der Zahl der Stationen an, indem jeweils eine der beiden Größen als Konstante vorgegeben und die andere Größe minimiert wird. Ein derartiges Vorgehen ist jedoch unbefriedigend, da es die zwischen der Taktzeit und der Zahl der Stationen bestehenden Interdependenzen unberücksichtigt läßt. Solche Interdependenzen erfordern vielmehr eine simultane Planung der Taktzeit und der Zahl der Stationen, d.h. eine im Sinne einer vorgegebenen Zielsetzung optimale Bestimmung der Taktzeit sowie der Zuordnung der Bearbeitungen auf die einzurichtenden Arbeitsstationen und damit auch der Zahl der Stationen. Für dieses umfassendere Planungsproblem, das in der vorliegenden Untersuchung als interdependente Fließbandabstimmung bezeichnet wird, stehen bis zum heutigen Zeitpunkt keine brauchbaren Lösungsverfahren zur Verfügung, obwohl in der Ablaufplanungs-Literatur seit langem das Interdependenzproblem bei der Fließbandabstimmung hervorgehoben wird [2].

In dieser Untersuchung soll nun versucht werden, Lösungsverfahren für das Problem der interdependenten Fließbandabstimmung zu entwickeln, d.h. Lösungsverfahren, die eine simultane

---

1) Vgl. z.B. MUTHER -1944-, S. 110; DOMKE -1966-, S. 64.

2) Vgl. z.B. DICK -1966-, S. 112 ff.; ADAM -1972-, S. 425; ZÄPFEL -1973-, S. 25.

Bestimmung der Taktzeit und der Zuordnung der Bearbeitungen auf die Arbeitsstationen erlauben. Besonderer Wert wird dabei darauf gelegt, daß diese Verfahren auch zur Lösung umfangreicher Fließbandabstimmungsprobleme eingesetzt werden können. Große Bedeutung wird weiterhin der Realitätsnähe der Planung beigemessen, da nicht nur Lösungsverfahren für deterministische, sondern auch für stochastische Bearbeitungszeiten entwickelt werden.

Während im folgenden Abschnitt die erforderlichen Prämissen gesetzt, die bei der Optimierung zu beachtenden Beschränkungen dargestellt und die zugrunde gelegten Zielsetzungen erörtert werden, beschäftigt sich der Abschnitt 3. mit den Lösungsverfahren zur interdependenten Fließbandabstimmung bei deterministischen Bearbeitungszeiten. Zur Verdeutlichung der zugrunde liegenden Problemstruktur wird zunächst ein Lösungsansatz der ganzzahligen nichtlinearen Programmierung dargestellt. Da dieser Planungsansatz sich für realtypische Fließbandabstimmungsprobleme als ungeeignet erweist, wird in Abschnitt 3.2. ein kombinatorisches Verfahren entwickelt, das auch bei praxisrelevanten Größenordnungen angewendet werden kann. Der Grundgedanke dieses Verfahrens besteht darin, für bestimmte Kombinationen der Taktzeit und der Zahl der Stationen ein klassisches Fließbandabstimmungsproblem zu lösen. Dieses Vorgehen besitzt den Vorteil, daß zur Lösung der klassischen Fließbandabstimmungsprobleme auf bereits vorhandene Verfahren zurückgegriffen werden kann. Die leistungsfähigsten Ansätze zur klassischen Fließbandabstimmung werden in den Abschnitten 3.2.3. und 3.2.4. gemäß den ihnen zugrunde liegenden Methoden der Unternehmensforschung zusammengestellt und auf ihre Eigenschaften, Gemeinsamkeiten und Unterschiede untersucht. Hierdurch wird einerseits ein Überblick über die vorhandenen Verfahren zur Lösung klassischer Fließbandabstimmungsprobleme gegeben und andererseits ein Vergleich mit einem weiterentwickelten Branch-and-Bound-Verfahren ermöglicht. In Abschnitt 3.2.5. wird schließlich über die numerischen Erfahrungen berichtet, die mit dem kombinatorischen Verfahren zur interdependenten Fließbandabstimmung in Verbindung mit einzelnen Lösungsverfahren zur klassischen Fließbandabstimmung gewonnen wurden.

Während die in Abschnitt 3. dargestellten Lösungsverfahren auf deterministischen Bearbeitungszeiten basieren, wird in Abschnitt 4. von einer stochastischen Entscheidungssituation ausgegangen. Das bedeutet, daß die Bearbeitungszeiten, die vorher als bekannt und konstant angenommen wurden, als Zufallsvariable mit bekannten Wahrscheinlichkeitsverteilungen unterstellt werden. Damit wird im Gegensatz zur deterministischen Planungssituation die Taktzeit an jeder Arbeitsstation mit bestimmten Wahrscheinlichkeiten überschritten. Bevor gezeigt wird, wie das zunächst für deterministische Bearbeitungszeiten entwickelte kombinatorische Verfahren zur interdependenten Fließbandabstimmung weiterzuentwickeln ist, damit es auch bei stochastischen Bearbeitungszeiten angewendet werden kann, werden in Abschnitt 4.2. die bisher bekannten Verfahren zur Lösung klassischer Fließbandabstimmungsprobleme bei stochastischen Bearbeitungszeiten dargestellt. Im Mittelpunkt stehen dabei die Verfahren auf der Grundlage von Wahrscheinlichkeitsrestriktionen, bei denen die Bearbeitungen den Arbeitsstationen derart zuzuordnen sind, daß die Taktzeit an jeder Station mit einer bestimmten vorgegebenen Mindestwahrscheinlichkeit eingehalten wird. In Abschnitt 4.3.1. werden solche Wahrscheinlichkeitsrestriktionen zunächst mit fest vorgegebenen Mindestwahrscheinlichkeiten in das kombinatorische Verfahren einbezogen, während in Abschnitt 4.3.2. die Mindestwahrscheinlichkeiten simultan mit der Planung der Taktzeit und der Zuordnung der Bearbeitungen auf die einzurichtenden Arbeitsstationen festgelegt werden. In beiden Abschnitten enthält dabei das kombinatorische Verfahren einen Branch-and-Bound-Ansatz zur klassischen Fließbandabstimmung, da mit dieser Version des kombinatorischen Verfahrens die günstigsten Ergebnisse hinsichtlich der Qualität der Lösungen gewonnen wurden.

2. Grundlagen der interdependenten Fließbandabstimmung

2. 1. Prämissen

Der in dieser Arbeit betrachteten Problemstellung der interdependenten Fließbandabstimmung liegen - falls nicht ausdrücklich abweichende Voraussetzungen angegeben werden - die folgenden Prämissen zugrunde [1]:

(1) Es wird von einem Einproduktunternehmen ausgegangen, dessen Erzeugnisart auf nur einem Fließband hergestellt wird. Von der weiteren Betrachtung ausgeklammert werden hierdurch insbesondere die Planung der Reihenfolge, in der mehrere Erzeugnisarten auf einem Fließband gefertigt werden sollen, und die Bestimmung der Losgrößen, wenn die Erzeugnisarten nacheinander, d.h. in Losen, über das Band laufen. Darüber hinaus wird das Problem, für mehrere Fließbänder die Taktzeiten zu bestimmen [2], ausgeschlossen. Denn werden die Erzeugniseinheiten auf mehreren Fließbändern gefertigt, kann die Taktzeit für jedes Fließband unterschiedlich hoch sein.

(2) Der Abstimmung des Fließbandes geht eine Zerlegung des mit der Fertigung des Erzeugnisses verbundenen gesamten Arbeitsaufwandes in solche Bearbeitungen voraus, die nicht weiter untergliedert werden können, ohne daß ein zusätzlicher Arbeitsaufwand erforderlich wird [3]. Diese als Arbeitselemente bezeichneten Teile der insgesamt anfallenden Arbeit sind demnach nicht allein durch die technisch mögliche Zerlegbarkeit der Gesamtarbeit, sondern auch durch ökonomische Gesichtspunkte abgegrenzt [4]. Für diese Unter-

---

1) Vgl. u.a. HELD-KARP-SHARESHIAN -1963-, S. 443; MUKHERJEE-BASU -1963-, S. 285; CROW-EDER -1966-, S. 495; KERN -1967-, S. 147; BUSSMANN et al. -1968-, S. 313; HAHN -1972-, S. 29; GREGORY -1973-, S. 1; HARDECK-SCHÖNFELDER -1973-, S. 15 f.

2) Vgl. BRUSBERG -1965-, S. 175.

3) Vgl. KILBRIDGE-WESTER -1962/1-, S. 626 f.; GLOVER-NORMAN -1965-, S. 28; MARIOTTI - 1970-, S. 39 f.

4) Vgl. DICK -1966-, S. 18.

suchung ist eine endliche Menge von Arbeitselementen

$$W = \{1,2,\ldots,I\}$$

vorgegeben, deren Elemente mit i (i=1,...,I) indiziert werden.

(3) Jedes Arbeitselement wird pro Erzeugniseinheit genau einmal ausgeführt.

(4) Jedes begonnene Arbeitselement wird ohne Unterbrechung zu Ende geführt.

(5) Die Arbeitselemente werden an N (j=1,...,N) Arbeitsstationen ausgeführt, die - abgesehen von der automatischen Fließfertigung [1], bei der der Fertigungsablauf allein durch Betriebsmittel beeinflußt wird - mit jeweils einer Arbeitskraft besetzt sind [2].

(6) Es arbeiten niemals mehrere Arbeitsstationen gleichzeitig an einer Erzeugniseinheit.

(7) Die einer Arbeitsstation zugeordneten Arbeitselemente sind für alle Erzeugniseinheiten gleich.

(8) An jeder Arbeitsstation kann zur gleichen Zeit nur ein Arbeitselement ausgeführt werden.

(9) Zwischen den Arbeitsstationen sind keine Pufferlager eingerichtet.

(10) Die Zahl der Arbeitsstationen ist - ebenso wie die Taktzeit und die Zuordnung der Arbeitselemente - Entscheidungsvariable und durch die Anzahl der am Fließband

---

1) Charakteristisch für die automatische Fließfertigung sind trennende und umformende Tätigkeiten, während Montagearbeiten, d.h. fügende Tätigkeiten, meistens manuell ausgeführt werden; vgl. FRANZIUS-RITTMANN -1972-, S. 7; HAHN -1972-, S. 22 f.

2) Die in dieser Untersuchung dargestellten Lösungsverfahren zur Fließbandabstimmung sind aber auch dann anwendbar, wenn wie z.B. beim Automobilbau die den Stationen zugeordneten Arbeitselemente von mehreren Arbeitskräften ausgeführt werden.

einsatzfähigen Arbeitskräfte und/oder Betriebsmittel, d.h. durch die bestehende Personal- und Betriebsmittelkapazität, beschränkt. Das bedeutet insbesondere, daß sowohl von der Einstellung weiterer Arbeitskräfte als auch vom Kauf zusätzlicher Betriebsmittel abgesehen wird.

(11) Von den maximal möglichen Arbeitsstationen sind die ersten N Stationen zu wählen. Durch diese Prämisse wird ein Überspringen von Arbeitsstationen verhindert.

(12) Eine Parallelschaltung zweier oder mehr Arbeitsstationen [1], die abwechselnd von der vorhergehenden Station mit Erzeugniseinheiten versorgt werden und die bearbeiteten Erzeugniseinheiten abwechselnd an die nächste Station weitergeben, ist nicht zugelassen. Daher ist die Taktzeit, d.h. das Zeitintervall, das den Arbeitsstationen für die Ausführung der ihnen zugeordneten Arbeitselemente zur Verfügung steht, für alle Arbeitsstationen gleich hoch [2].

(13) Die Elementzeiten t_i $(i=1,...,I)$, d.h. die für die Ausführung der Arbeitselemente erforderlichen Zeiten (Bearbeitungszeiten), sind fest vorgegeben und bekannt. Sie werden mit Hilfe der Verfahren der Arbeitszeitermittlung - Zeitaufnahme nach REFA, Multimomentverfahren oder Systeme vorbestimmter Zeiten [3] - bestimmt.

---

1) Vgl. hierzu u.a. FREEMAN-JUCKER -1967-, S. 362 f.

2) Bei Parallelstationen ist dagegen die pro Erzeugniseinheit verfügbare Arbeitszeit ein der Zahl der Parallelstationen entsprechendes Vielfaches der Taktzeit nicht parallel geschalteter Stationen. Lösungsverfahren zur klassischen Fließbandabstimmung bei Parallelstationen finden sich bei MOWER -1970-, S. 26 ff.; BUXEY -1974-, S. 1012 ff.; PINTO-DANNENBRING-KHUMAWALA -1975-, S. 186 ff.

3) Vgl. z.B. VERBAND FÜR ARBEITSSTUDIEN - REFA - E.V. -1972-; HALLER-WEDEL -1969-; HEINRICH-ZINNECKER -1967-.

(14) Die Elementzeiten sind unabhängig von der Reihenfolge der Arbeitselemente und unabhängig von der Arbeitsstation, an der sie ausgeführt werden.

(15) Die Elementzeiten sind - unabhängig davon, wie oft die Arbeitselemente wiederholt werden - gleich hoch. Ein Lernprozeß [1] bleibt somit unberücksichtigt.

(16) Die Elementzeiten und die Taktzeit sollen positive ganze Zahlen, d.h. Elemente der Menge der natürlichen Zahlen M_Z sein. Diese Voraussetzung kann durch geeignete Wahl einer beliebigen Grundzeiteinheit stets erfüllt werden [2].

(17) Transportzeiten zwischen den Stationen sowie Rüstzeiten [3] werden vernachlässigt, so daß die Taktzeit gleichzeitig die Zeitspanne angibt, in der die Erzeugniseinheiten von Arbeitsstation zu Arbeitsstation weitergegeben oder fertiggestellt werden.

(18) Die Taktzeit umfaßt c Zeiteinheiten (ZE) und ist während der vorgegebenen reinen Arbeitszeit einer Schicht [4], der aus T Zeiteinheiten bestehenden Schichtzeit, konstant.

(19) Während der Schichtzeit wird kontinuierlich, d.h. ohne Unterbrechung produziert. Das bedeutet, daß die gesamte Produktionsmenge einer Schicht in einem Los gefertigt wird.

---

1) Zum Lernprozeß bei Fließfertigung vgl. THOMOPOULOS-LEHMAN -1969-, S. 127 ff.; STEFFEN -1973-, S. 102 ff.

2) Vgl. auch GEHRLEIN-PATTERSON -1975-, S. 1065.

3) Transportzeiten entstehen durch die Bewegungszeit des taktweise fortschreitenden Fließbandes. Rüstzeiten fallen für den Rückweg der Arbeitskräfte zur nächsten Erzeugniseinheit beim kontinuierlich laufenden Band an.

4) Die reine Arbeitszeit einer Schicht entspricht der effektiven Nutzungszeit des Fließbandes unter Berücksichtigung der pro Schicht anfallenden Zeiten für Wartung, Werkzeugwechsel, Reparatur und Pausen; vgl. DOMKE -1966-, S. 64.

(20) Ebenso unberücksichtigt wie der Anfall von Ausschuß bleibt die beim erstmaligen Betrieb des Fließbandes auftretende Anlaufphase, in der N-1 Arbeitsstationen noch nicht mit Erzeugniseinheiten versorgt sind. Innerhalb einer Schicht werden so aufgrund der kontinuierlichen Produktion und der als konstant unterstellten Taktzeit

$$X = \frac{T}{c}$$

Erzeugniseinheiten hergestellt [1].

2. 2. Beschränkungen

In diesem Abschnitt werden die bei der interdependenten Fließbandabstimmung zu beachtenden Beschränkungen erörtert. Dabei handelt es sich einerseits um Nebenbedingungen für die Zuordnung der Arbeitselemente auf die Arbeitsstationen, andererseits um Restriktionen für die Taktzeit bzw. die Produktionsmenge und die Zahl der Stationen. Zur ersten Gruppe der Beschränkungen zählen im einzelnen die Taktzeitrestriktionen, die Reihenfolgebedingungen und die Zonenbeschränkungen.

2.2.1. Taktzeitrestriktionen

Die Taktzeitrestriktionen gewährleisten, daß einer Arbeitsstation nur so lange Arbeitselemente zugeordnet werden wie die Stationszeit die Taktzeit nicht überschreitet. Die Stationszeit τ_j ist dabei als die der Station j effektiv zugeordnete Arbeitszeit definiert [2] und entspricht der Summe

---

1) Ist dagegen eine Anlaufphase zu berücksichtigen, beträgt der Output lediglich

$$\frac{T}{c} - N + 1$$

Erzeugniseinheiten.

2) Vgl. MOODIE -1964-, S. 7.

der Elementzeiten der dieser Station zugewiesenen Arbeitselemente. Bezeichnet M_j die Menge der der Station j zugeordneten Arbeitselemente, gilt:

$$\tau_j = \sum_{i \in M_j} t_i \qquad (j=1,\ldots,N). \tag{2.1}$$

Aufgrund der Gleichung (2.1) lauten die Taktzeitrestriktionen somit [1]:

$$\sum_{i \in M_j} t_i \leqq c \qquad (j=1,\ldots,N). \tag{2.2}$$

2.2.2. Reihenfolgebedingungen

Die Arbeitselemente unterliegen in der Regel technologisch bedingten Reihenfolgebedingungen [2]. Diese auch als Vorrangbedingungen bezeichneten Beschränkungen können entweder durch Vorranggraphen oder durch Vorrangmatrizen dargestellt werden.

Vorranggraphen (Reihenfolgediagramme) werden wegen ihrer anschaulichen Darstellungsform besonders bei der manuellen Abstimmung eines Fließbandes verwendet [3]. Die Reihenfolgebedingungen werden hierbei durch einen endlichen gerichteten Graphen [4]

$$\mathcal{G} = (V,B)$$

mit der Knotenmenge

$$V = \{i \mid i=1,\ldots,I\}$$

---

1) Vgl. HERBIG -1968-, S. 212.

2) Daneben gibt es häufig auch Arbeitselemente, die unabhängig von anderen Arbeitselementen sind und an jeder beliebigen Arbeitsstation ausgeführt werden können; vgl. HAHN -1972-, S. 47.

3) Vgl. HAHN -1972-, S. 31.

4) Zu den in dieser Untersuchung verwendeten Grundbegriffen der Graphentheorie vgl. u.a. KNÖDEL -1969-, S. 3 ff.; ZIMMERMANN -1975-, S. 7 ff.

und der Kantenmenge

$$B = \{(i,k) | i \epsilon V,\ k \epsilon \Gamma_i^d \subset V\}$$

wiedergegeben. Die Knoten geben die auszuführenden Arbeitselemente an, und die gerichteten Kanten stellen die zwischen ihnen bestehenden direkten Reihenfolgebeziehungen dar. Bezeichnet man mit Γ_i^d die Menge der direkten Nachfolger des Arbeitselementes i, so bedeutet dies, daß das Arbeitselement $i \epsilon V$ über jeweils eine gerichtete Kante mit seinen direkten Nachfolgern $k \epsilon \Gamma_i^d$ verbunden ist. Direkter Nachfolger des Arbeitselementes $i \epsilon V$ ist dabei das Arbeitselement $k \epsilon V$, wenn es kein weiteres Arbeitselement $k' \epsilon V$ gibt, für das gilt [1]:

$$i \prec k' \prec k.$$

Das Arbeitselement i ist dann direkter Vorgänger des Arbeitselementes k. Indirekte Reihenfolgebeziehungen sind redundant. Gilt $i \prec k'$ und $k' \prec k$, folgt daraus: $i \prec k$. Aufgrund dieser transitiven Relation kann eine gerichtete Kante vom Knoten i zum Knoten k entfallen, ohne daß Informationen über die Reihenfolgebedingungen der Arbeitselemente außer acht gelassen werden.

Für ein Abstimmungsproblem mit 10 Arbeitselementen ist der Vorranggraph mit der Knotenmenge

$$V = \{1,2,3,4,5,6,7,8,9,10\}$$

und der Kantenmenge

$$B = \{(1,2),\ (1,3),\ (2,4),\ (3,5),\ (3,6),\ (4,7),\ (5,7),\ (5,8),\ (6,8),\ (6,9),\ (7,10),\ (8,10)\}$$

in Abbildung 2.-1 dargestellt [2].

---

1) $i \prec k$ bedeutet, daß das Arbeitselement i dem Arbeitselement k vorangehen muß; vgl. MARIMONT -1959-, S. 165; HAHN-LUTZ-ROSCHMANN -1968-, S. 86.

2) Zur Konstruktion des Vorranggraphen vgl. auch JACKSON -1956-, S. 262 ff.; PRENTING-BATTAGLIN -1964-, S. 210; DICK -1966-, S. 42 ff.; GOODWYNE -1966-.

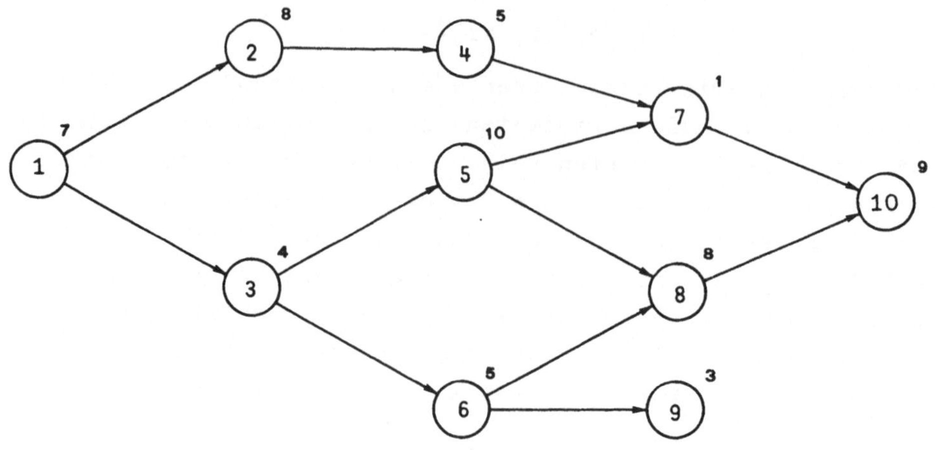

Abb. 2.-1

Die Arbeitselemente sind derart numeriert, daß kein Arbeitselement mit höherer Elementnummer vor einem Arbeitselement mit niedrigerer Elementnummer auszuführen ist. Rechts oberhalb eines Knotens ist die Elementzeit des betreffenden Arbeitselementes angegeben.

Die zwischen den Arbeitselementen bestehenden Reihenfolgebeziehungen können auch mit Hilfe von Vorrang- oder Reihenfolgematrizen wiedergegeben werden. Diese Darstellungsform ist besonders für die Speicherung in elektronischen Datenverarbeitungsanlagen geeignet. Bei der ersten Variante sind die Elemente der quadratischen Vorrangmatrix $A(\mathfrak{G}) = (a_{ik})$ wie folgt definiert [1]:

$$a_{ik} = \begin{cases} 1, \text{ wenn } k \in \Gamma_i \text{ gilt,} \\ 0, \text{ wenn } k \notin \Gamma_i \text{ gilt} \end{cases} \qquad (i,k=1,\ldots,I).$$

Γ_i bezeichnet die Menge aller direkten und indirekten Nachfolger des Arbeitselementes i. Indirekter Nachfolger des Arbeits-

1) Vgl. HERBIG -1968-, S. 208 f.; HESKIAOFF -1968-, S. 12 f.

elementes i ist dabei das Arbeitselement k, wenn zwischen den Arbeitselementen i und k mindestens ein weiteres Arbeitselement ausgeführt werden muß. In diesem Fall ist das Arbeitselement i indirekter Vorgänger des Arbeitselementes k.

Die Vorrangbedingungen sind auch dann eindeutig erfaßt, wenn - wie im Vorranggraphen - nur die direkten Reihenfolgebeziehungen berücksichtigt werden. In diesem Fall sind die Elemente der ebenfalls quadratischen Adjazenzmatrix $A^*(\mathfrak{G}) = (a^*_{ik})$ definiert als [1]

$$a^*_{ik} = \begin{cases} 1, \text{ wenn } k \in \Gamma^d_i \text{ gilt,} \\ 0, \text{ wenn } k \notin \Gamma^d_i \text{ gilt} \end{cases} \qquad (i,k=1,\ldots,I),$$

wobei Γ^d_i wiederum die Menge aller direkten Nachfolger des Arbeitselementes i bezeichnet.

Beide quadratischen Vorrangmatrizen erfordern bei Problemen praxisrelevanter Größenordnungen einen erheblichen Speicherplatz. Darüber hinaus sind die Matrizen aufgrund der oben beschriebenen Numerierung der Arbeitselemente nur in Dreiecksform - oberhalb der Diagonale - besetzt [2], wodurch bei I Arbeitselementen nur I(I-1)/2 der I^2 eingerichteten Speicherplätze ausgenutzt werden. Der erforderliche Speicherplatzbedarf kann jedoch beträchtlich reduziert werden, wenn die Reihenfolgebedingungen in sogenannten Vorgänger- und Nachfolgermatrizen gespeichert werden. Bei dieser auch als Speicherung in Listenform bezeichneten Möglichkeit werden in die Vorgängermatrix $A_V(\mathfrak{G})$ die direkten Vorgänger und in die Nachfolgermatrix $A_N(\mathfrak{G})$ die direkten Nachfolger jedes Arbeitselementes eingetragen [3]. Damit wird die Spaltenzahl dieser Matrizen im Gegensatz zu den quadratischen Vorrangmatrizen $A(\mathfrak{G})$ und $A^*(\mathfrak{G})$ mit jeweils I Zeilen und Spalten durch die maximale Zahl

---

1) Vgl. MARIMONT -1959-, S. 166; FREEMAN -1968-, S. 231; ZÄPFEL -1973-, S. 20.

2) Vgl. BUSSMANN et al. -1968-, S. 319.

3) Vgl. MOODIE-YOUNG -1965-, S. 24; BUSSMANN et al. -1968-, S. 315.

direkter Vorgänger bzw. Nachfolger bestimmt. Für den in Abbildung 2.-1 dargestellten Vorranggraphen haben die Vorgänger- und Nachfolgermatrix das folgende Aussehen:

$$A_V(\zeta) = \begin{bmatrix} - & - \\ 1 & - \\ 1 & - \\ 2 & - \\ 3 & - \\ 3 & - \\ 4 & 5 \\ 5 & 6 \\ 6 & - \\ 7 & 8 \end{bmatrix} \qquad A_N(\zeta) = \begin{bmatrix} 2 & 3 \\ 4 & - \\ 5 & 6 \\ 7 & - \\ 7 & 8 \\ 8 & 9 \\ 10 & - \\ 10 & - \\ - & - \\ - & - \end{bmatrix}$$

Durch die Speicherung der Vorrangbedingungen in Listenform reduziert sich der Speicherbedarf von 100 auf 40 Speicherplätze. Darüber hinaus ist eine der beiden Matrizen redundant [1], da die direkten Vorgänger auch aus der Nachfolgermatrix und die direkten Nachfolger auch aus der Vorgängermatrix entnommen werden können. Jede der beiden Matrizen enthält somit sämtliche bezüglich der Reihenfolgebedingungen relevanten Informationen. Allerdings ist der im Laufe des Abstimmungsprozesses anfallende Verwaltungsaufwand größer, wenn anstatt der Verwendung beider Matrizen sämtliche Reihenfolgebedingungen entweder aus der Vorgänger- oder aus der Nachfolgermatrix zu entnehmen sind [2].

2.2.3. Zonenbeschränkungen

Zonenbeschränkungen verhindern bzw. erzwingen die Zuordnung gewisser Arbeitselemente zu bestimmten Arbeitsstationen [3] und wirken somit ebenso wie Taktzeit- und Reihenfolgerestriktionen

---

1) Vgl. MOODIE -1964-, S. 64.

2) Da die formale Darstellung der Reihenfolgebedingungen vom jeweils verwendeten Planungsansatz abhängig ist, wird hierauf erst bei der Diskussion dieser Ansätze eingegangen.

3) Vgl. WILD -1972-, S. 47; HARDECK -1974-, S. B 242.

erschwerend auf die Abstimmung ein. Die wichtigsten Formen dieser Nebenbedingungen sind die folgenden [1]:

(1) Einzelne Arbeitselemente können aufgrund des festen Standortes von Spezialaggregaten nur jeweils einer bestimmten Arbeitsstation zugeordnet werden [2]. Darüber hinaus ist die Ausführung bestimmter Arbeitselemente an einen bestimmten Bereich des Fließbandes gebunden, wenn z.B. einzelne Arbeitselemente vor, andere dagegen nach einer Prüfstation verrichtet werden müssen [3]. Diese durch den Aufbau der Betriebsmittel verursachten Beschränkungen werden daher auch als Betriebsmittelrestriktionen bezeichnet [4].

(2) Bei der Fertigung großer und schwerer Erzeugnisse sind häufig sogenannte Positionsrestriktionen zu beachten [5]. Diese Beschränkungen bestehen darin, daß bestimmte Arbeitselemente nur dann ausgeführt werden können, wenn die Arbeitskräfte eine bestimmte Stellung zu den zu bearbeitenden Erzeugniseinheiten einnehmen [6].

(3) Fertigungsverwandte Arbeitselemente sollen aus wirtschaftlichen Gründen möglichst unmittelbar nacheinander ausgeführt und somit einer Station, zumindest aber aufeinanderfolgenden Stationen zugeordnet werden [7].

---

1) Ebenso wie bei den Reihenfolgebedingungen wird auf die formale Darstellung einzelner Zonenbeschränkungen erst bei der Erörterung der Lösungsverfahren eingegangen.

2) Vgl. MITCHELL -1957-; CARUSO -1965-, S. 49.

3) Vgl. HAHN-LUTZ-ROSCHMANN -1968-, S. 99.

4) Vgl. KILBRIDGE-WESTER -1962/1-, S. 628; WESTER-KILBRIDGE -1962-; DICK -1966-, S. 32.

5) Vgl. KILBRIDGE-WESTER -1962/1-, S. 628; BUXEY -1974-, S. 1015.

6) Vgl. KILBRIDGE-WESTER -1962/1-, S. 628; DICK -1966-, S. 33 ff.

7) Vgl. PRENTING-BATTAGLIN -1964-, S. 211; SAWYER -1970-, S. 30; BUXEY -1974-, S. 1015.

2.2.4. Sonstige Beschränkungen

Neben den bisher erörterten Taktzeit-, Reihenfolge- und Zonenbeschränkungen sind bei der interdependenten Fließbandabstimmung auch Restriktionen für die Zahl der Stationen und die Taktzeit bzw. die Produktionsmenge zu beachten. Da gemäß Prämisse (10) von der Einstellung weiterer Arbeitskräfte und vom Kauf zusätzlicher Betriebsmittel abgesehen wird, ist die Zahl der einzurichtenden Stationen nach oben durch die Anzahl der am Fließband einsatzfähigen Arbeitskräfte und/oder Betriebsmittel begrenzt. Auf der anderen Seite wird das Fließbandabstimmungsproblem erst dann relevant, wenn das Fließband aus mindestens zwei Arbeitsstationen besteht. Daraus folgt, daß die Zahl der Stationen durch das Intervall $[2, N_{max}]$ beschränkt ist, wobei N_{max} die aufgrund der vorhandenen Personal- und Betriebsmittelkapazität maximal mögliche Zahl der Arbeitsstationen bezeichnet.

Ebenso wie die Zahl der Stationen ist auch die Taktzeit durch eine Ober- und Untergrenze beschränkt. Gemäß der Prämisse (20) werden innerhalb der Schichtzeit bei einer Taktzeit von c Zeiteinheiten

$$X = \frac{T}{c} \qquad (2.3)$$

Erzeugniseinheiten hergestellt. Wie aus der von der Taktzeit abhängigen Funktion der Ausbringungsmenge (2.3) hervorgeht, ist die während der Schichtzeit hergestellte Erzeugnismenge um so größer, je geringer die Taktzeit gewählt wird. Die Taktzeit kann jedoch nur so lange verringert werden, bis die Ausbringungsmenge die durch die verfügbare Produktionskapazität [1] determinierte Höchstmenge X_m oder die Absatzgrenze X_a erreicht, d.h. es gilt die Produktionsbeschränkung [2]:

---

1) Die Produktionskapazität kann beispielsweise durch die zur Verfügung stehenden Materialmengen beschränkt sein.

2) X_o bezeichnet somit die aufgrund der Produktionskapazität und der Absatzgrenze maximal mögliche Erzeugnismenge einer Schicht.

(2.4) $$X \leq \min \{X_m, X_a\} = X_o.$$

Aus der Bedingung (2.4) läßt sich dann mit Hilfe der Funktion (2.3) die folgende Restriktion für die Taktzeit ableiten:

(2.5) $$c \geq \frac{T}{X_o}.$$

Ebenso wie durch die maximale Produktionsmenge ist die Taktzeit nach unten durch die maximale Elementzeit aller Arbeitselemente beschränkt. Wenn die Elementzeitsumme der einer Station zugeteilten Arbeitselemente die Taktzeit nicht überschreiten darf (vgl. die Taktzeitrestriktionen (2.2)), gilt dieses natürlich auch für die Elementzeit eines einzelnen Arbeitselementes, da gemäß Prämisse (12) von einer Parallelschaltung von Arbeitsstationen abgesehen wird. Daher gilt als weitere Restriktion für die Taktzeit [1]:

(2.6) $$c \geq \max \{t_i \mid i=1,\ldots,I\}.$$

Darüber hinaus muß für die Taktzeit mindestens ein solcher Wert gewählt werden, der die Zuordnung sämtlicher Arbeitselemente auf N_{max} Arbeitsstationen ermöglicht. Eine solche zulässige Lösung existiert nur dann, wenn die Bedingung

(2.7) $$N_{max} \cdot c \geq \sum_{i=1}^{I} t_i$$

erfüllt ist, in der die rechte Seite die Gesamtbearbeitungszeit, d.h. die Summe der Elementzeiten der I Arbeitselemente, darstellt. Aus der Ungleichung (2.7) folgt, daß sich die Arbeitselemente - theoretisch zumindest - nur dann auf N_{max} Arbeitsstationen verteilen lassen, wenn für die Taktzeit die weitere Beschränkung (2.8) beachtet wird:

(2.8) $$c \geq \frac{\sum_{i=1}^{I} t_i}{N_{max}}.$$

1) Vgl. z.B. JOHNSON-MONTGOMERY -1974-, S. 365; ZIMMERMANN-SOVEREIGN -1974-, S. 446.

Aus den Bedingungen (2.5), (2.6) und (2.8) ergibt sich somit die folgende untere Grenze für die Taktzeit:

$$(2.9) \qquad c_u = \max \left\{ \frac{T}{X_o}, \frac{\sum_{i=1}^{I} t_i}{N_{max}}, \max \{t_i \mid i=1,\ldots,I\} \right\}.$$

Außer der Untergrenze (2.9) ist die Taktzeit nach oben durch die während der Schichtzeit mindestens herzustellende Erzeugnismenge [1] und die Mindestzahl von zwei Arbeitsstationen beschränkt. Der geforderte Produktionsausstoß von X_u Stück ist nur dann realisierbar, wenn für die Taktzeit gilt:

$$c \leqq \frac{T}{X_u}.$$

Im folgenden wird jedoch die modifizierte Bedingung [2]

$$(2.10) \qquad c \leqq \left[\frac{T}{X_u}\right]^-$$

gewählt, da aufgrund der in Prämisse (16) geforderten Ganzzahligkeit der Elementzeiten in

$$\frac{T}{X_u} - \left[\frac{T}{X_u}\right]^-$$

Zeiteinheiten kein Arbeitselement mehr ausgeführt werden kann. Darüber hinaus müssen die Arbeitselemente auf mindestens zwei Arbeitsstationen verteilt werden. Dieses gewährleistet bereits die triviale Bedingung

$$(2.11) \qquad c \leqq \sum_{i=1}^{I} t_i - 1,$$

so daß sich als Taktzeitobergrenze

$$(2.12) \qquad c_o = \min \left\{ \left[\frac{T}{X_u}\right]^-, \sum_{i=1}^{I} t_i - 1 \right\}$$

ergibt.

---

1) Vgl. ZÄPFEL -1973-, S. 30.

2) $[Y]^-$ bezeichnet die größte ganze Zahl, die kleiner oder gleich Y ist.

Im Gegensatz zur Obergrenze der Taktzeit (2.12) kann die untere Grenze (2.9) des Taktzeitintervalls $[c_u, c_o]$ zwar zunächst auch nicht-ganzzahlige Werte annehmen, durch geeignete Wahl einer beliebigen Grundzeiteinheit kann jedoch auch hierfür ein ganzzahliger Wert erreicht werden. Ergibt sich beispielsweise für c_u zunächst der Wert 13,1 Sekunden, wird als Grundzeiteinheit eine zehntel Sekunde gewählt und bei der Abstimmung von mit dem Faktor 10 multiplizierten Werten für die Schichtzeit und die Elementzeiten ausgegangen. Zusätzlich ist zu beachten, daß bei einer durch die Bedingung (2.8) determinierten Taktzeituntergrenze aufgrund der Verteilung der Elementzeiten auf die Arbeitselemente und der bei der Zuordnung zu beachtenden Restriktionen N_{max} Arbeitsstationen gegebenenfalls nicht ausreichen. In diesem Fall ist die Taktzeit so lange zu erhöhen, bis sich die Arbeitselemente auf N_{max} Stationen verteilen lassen.

2. 3. Zielsetzungen

Den Untersuchungen zur interdependenten Fließbandabstimmung, insbesondere den Verfahren zur simultanen Bestimmung der Taktzeit und der Zuordnung der Arbeitselemente auf die Stationen, liegen unterschiedliche Zielsetzungen [1] zugrunde. In den meisten Fällen wird von Zeitgrößen ausgegangen, während ökonomische Kriterien wie Gewinn oder Deckungsbeitrag nur in wenigen Veröffentlichungen genannt werden. Auf die wichtigsten Zielsetzungen beider Zielsetzungsgruppen und auf die zwischen ihnen bestehenden Zusammenhänge wird im folgenden näher eingegangen.

---

1) Dabei wird nur jeweils eine Zielsetzung berücksichtigt; zum Problem der Mehrfachzielsetzungen vgl. dagegen u.a. DINKELBACH -1969/2-, S. 20 ff.; GÜHRS -1972-.

2.3.1. Zeitenminimierung

(1) Minimierung der Durchlaufzeit einer Erzeugniseinheit

Die Durchlaufzeit D einer Erzeugniseinheit umfaßt die Zeitspanne vom Beginn des zuerst ausgeführten Arbeitselementes bis zum Ablauf der Taktzeit der letzten Arbeitsstation. Da während dieses Zeitraumes die Erzeugniseinheit an jeder Station für die gesamte Taktzeit zur Bearbeitung zur Verfügung steht, entspricht die Durchlaufzeit dem Produkt der für alle Stationen gleich hohen Taktzeit c und der Zahl N der Arbeitsstationen, die die Erzeugniseinheit zu durchlaufen hat [1]. Somit ist die Funktion

$$D = N \cdot c \tag{2.13}$$

zu minimieren.

(2) Minimierung der Gesamtleerzeit

Aufgrund der Verteilung der Elementzeiten auf die einzelnen Arbeitselemente und der bei der Abstimmung des Fließbandes zu beachtenden Beschränkungen können die Arbeitselemente den Stationen häufig nur derart zugeordnet werden, daß die Stationszeiten einzelner Arbeitsstationen [2] die Taktzeit unterschreiten und somit Leerzeiten in Höhe von

$$l_j = \begin{cases} c - \tau_j, \text{ wenn } \tau_j < c, \\ 0, \text{ sonst} \end{cases} \qquad (j=1,\ldots,N)$$

1) Vgl. DICK -1966-, S. 21; ADAM -1972-, S. 425.

2) An mindestens einer Arbeitsstation stimmt die Stationszeit mit der Taktzeit überein. Diese Station weist von allen N Stationen die maximale Stationszeit auf.

Zeiteinheiten anfallen [1]. Die Summe der an den N Arbeitsstationen insgesamt auftretenden Leerzeiten L wird als Gesamtleerzeit oder als absoluter Abstimmungsverlust bezeichnet [2]. Zu minimieren ist somit die Funktion

$$L = \sum_{j=1}^{N} l_j = \sum_{j=1}^{N} (c - \tau_j)$$

bzw. aufgrund (2.1)

$$L = \sum_{j=1}^{N} (c - \sum_{i \varepsilon M_j} t_i). \tag{2.14}$$

Da jedes der I Arbeitselemente genau einer Arbeitsstation zugeordnet wird, d.h. die Bedingungen

$$\bigcup_{j=1}^{N} M_j = W \tag{2.15a}$$

und

$$M_j \cap M_k = \emptyset \qquad (j,k=1,...,N) \quad j \neq k \tag{2.15b}$$

erfüllt sind, entspricht die Summe der Stationszeiten aller N Arbeitsstationen der Gesamtbearbeitungszeit, die als Summe der Elementzeiten der I Arbeitselemente die zur Herstellung einer Erzeugniseinheit insgesamt erforderliche Arbeitszeit angibt:

$$\sum_{j=1}^{N} \tau_j = \sum_{j=1}^{N} \sum_{i \varepsilon M_j} t_i = \sum_{i=1}^{I} t_i. \tag{2.16}$$

---

1) Solche ungenutzten Zeiten lassen sich in der Praxis der Fließfertigung nur schwer erkennen, da die nicht voll ausgelasteten Arbeitskräfte häufig mehr Zeit für die Ausführung der Arbeitselemente aufwenden als vorgesehen ist und auf diese Weise eine "künstliche" Reduzierung der Leerzeit herbeiführen; vgl. MOODIE -1964-, S. 8.

2) Vgl. IGNALL -1965-, S. 244; KERN -1970-, S. 108; DICK -1966-, S. 63; CAULEY -1968-, S. 223.

Aufgrund (2.16) gilt für die zu minimierende Gesamtleerzeit somit:

(2.17) $$L = N \cdot c - \sum_{i=1}^{I} t_i .$$

Diese Formulierung verdeutlicht, daß die Gesamtleerzeit auch als Differenz der Durchlaufzeit einer Erzeugniseinheit und der Gesamtbearbeitungszeit definiert ist und die Minimierung der Gesamtleerzeit aufgrund der Voraussetzung konstanter Elementzeiten mit der Minimierung der Durchlaufzeit identisch ist [1].

Tritt an einer Arbeitsstation eine Leerzeit auf, bleibt die Arbeitsstation ebenso lange unbeschäftigt wie die Erzeugniseinheit auf die nächste Bearbeitung an der folgenden Station warten muß, d.h. bei der Fließfertigung stimmt die an der Station j anfallende Wartezeit einer Erzeugniseinheit w_j mit der Leerzeit dieser Station überein [2]:

(2.18) $$w_j = l_j \qquad (j=1,...,N).$$

Im Gegensatz zur Ablaufplanung bei Werkstattfertigung, bei der die Zielsetzungen "Minimierung der Gesamtwartezeit" und "Minimierung der Gesamtleerzeit" [3] zu unterschiedlichen Optima führen können [4], ist daher bei Fließfertigung die Minimierung der für eine Erzeugniseinheit insgesamt anfallenden Wartezeit

$$\sum_{j=1}^{N} w_j$$

mit der Minimierung der gesamten Leerzeit

$$\sum_{j=1}^{N} l_j$$

---

1) Vgl. auch FREEMAN -1967-, S. 13; ADAM -1972-, S. 425.

2) Vgl. ZIMMERMANN -1965-, S. 94 und S. 97.

3) Vgl. hierzu z.B. SEELBACH et al. -1975-, S. 32 ff.

4) Vgl. z.B. GUTENBERG -1969-, S. 213 ff.; GÜNTHER -1971-; SEELBACH -1975-.

identisch, d.h. ein "Dilemma der Ablaufplanung", wie GUTENBERG [1] die Gegenläufigkeit der Minimierung der Gesamtwarte- und Gesamtleerzeit bezeichnet, kann bei Fließfertigung nicht auftreten [2].

(3) Minimierung des relativen Abstimmungsverlustes

Der relative Abstimmungsverlust L^* ist definiert als der Quotient aus dem absoluten Abstimmungsverlust und der Durchlaufzeit. Die zu minimierende Zielfunktion lautet dann [3]:

$$L^* = \frac{N \cdot c - \sum_{i=1}^{I} t_i}{N \cdot c} = 1 - \frac{\sum_{i=1}^{I} t_i}{N \cdot c}. \tag{2.19}$$

Bei konstanter Gesamtbearbeitungszeit führt die Minimierung des relativen Abstimmungsverlustes ebenfalls zu den gleichen Entscheidungen wie die Minimierung der Durchlaufzeit.

(4) Maximierung des Kapazitätsausnutzungsgrades

Im Kapazitätsausnutzungsgrad η werden Gesamtbearbeitungszeit und Durchlaufzeit gegenübergestellt [4], so daß die Funktion

$$\eta = \frac{\sum_{i=1}^{I} t_i}{N \cdot c} \tag{2.20}$$

zu maximieren ist. Kapazitätsausnutzungsgrad und relativer Abstimmungsverlust ergänzen sich zu 1 bzw. - im Falle prozentualer Größen - zu 100 %.

---

1) GUTENBERG -1951-, S. 158 f.

2) Vgl. GUTENBERG -1969-, S. 214; BUSSMANN-HOSS-WEDEKIND -1963-, S. 29; GÜNTHER -1971-, S. 12 und S. 49.

3) Vgl. KILBRIDGE-WESTER -1961/1-, S. 293; KILBRIDGE-WESTER -1962/2-, S. 80; BUSSMANN-HOSS-WEDEKIND -1963-, S. 29; ZIMMERMANN-SOVEREIGN -1974-, S. 447.

4) Vgl. GLOVER-NORMAN -1965-, S. 32; MANSOOR -1964/1-, S. 73; HAHN -1972-, S. 31.

Da auch die Maximierung des Kapazitätsausnutzungsgrades wegen der Konstanz der Elementzeiten mit der Minimierung der Durchlaufzeit identisch ist, führen alle auf Zeitgrößen basierenden Zielsetzungen zu den gleichen Entscheidungen. Darüber hinaus stimmen die bisher erörterten Zielsetzungen der interdependenten Fließbandabstimmung mit den Zielsetzungen der klassischen Fließbandabstimmung überein, wenn entweder die Taktzeit oder die Zahl der Stationen als Konstante vorgegeben wird. Bei konstanter Gesamtbearbeitungszeit ist beispielsweise die Minimierung der Gesamtleerzeit (2.17) für eine vorgegebene Taktzeit mit der Minimierung der Zahl der Stationen identisch, während bei gegebener Zahl der Stationen die Minimierung der Gesamtleerzeit zu den gleichen Entscheidungen wie die Taktzeitminimierung führt [1].

2.3.2. Gewinnmaximierung

Ist neben der Zuordnung der Arbeitselemente auf die Arbeitsstationen auch über die Taktzeit zu entscheiden, wird die Planung des Produktionsablaufs, die sich aufgrund der in Abschnitt 2.1. angegebenen Prämissen auf die Abstimmung des Fließbandes beschränkt, mit der Planung der Produktionsmenge verknüpft. Denn - wie die Gleichung (2.3) zeigt - wird bei konstanter Schichtzeit gleichzeitig mit der Taktzeit die Produktionsmenge des auf dem Fließband hergestellten Erzeugnisses bestimmt. Da bei der Programmplanung in der Regel vom erwerbswirtschaftlichen Prinzip [2] - verstanden als Gewinnmaximierung - als unternehmerischer Zielsetzung ausgegangen wird [3], muß diese Zielsetzung auch für die simultane Planung von Produktionsmenge und Produktionsablauf gelten. Zur Bestimmung der Taktzeit und damit der Produktionsmenge sowie der Zuordnung der Arbeitselemente auf die Arbeitsstationen

---

1) Vgl. auch ZÄPFEL -1973-, S. 24.

2) Vgl. GUTENBERG -1966-, S. 8 ff.; GUTENBERG -1969-, S. 452 ff.

3) Vgl. SEELBACH -1970-, S. 4.

ist daher von der Maximierung des pro Schicht zu erzielenden Gewinns [1] als unternehmerischer Zielsetzung auszugehen. Die auf Zeitgrößen basierenden Zielsetzungen sind dagegen wenig sinnvoll, da sie in den meisten Fällen dem erwerbswirtschaftlichen Prinzip nicht genügen [2].

Entscheidungsrelevante Komponenten des pro Schicht zu erzielenden Gewinns sind einerseits die von der Taktzeit abhängigen Erlöse und Materialkosten, andererseits die von der Zahl der eingesetzten Stationen abhängigen Personal- bzw. Maschinenkosten. Dagegen sind Investitionsausgaben für den Kauf zusätzlicher Betriebsmittel ebenso wenig zu berücksichtigen wie Ausgaben für die Einstellung weiterer Arbeitskräfte [3], da in dieser Untersuchung gemäß Prämisse (10) eine kurzfristige Planung der Taktzeit und der Zahl der Stationen von Interesse ist, bei der der Bestand an Potentialfaktoren als konstant vorausgesetzt wird. Darüber hinaus soll auf eine Bewertung von Leerzeiten verzichtet werden, da eine anderweitige gewinnbringende Nutzung des Fließbandes aufgrund der meist geringen Leerzeiten unrealistisch erscheint. Schließlich brauchen auch die von der Taktzeit und der Zahl der eingesetzten Stationen unabhängigen Kosten nicht berücksichtigt zu werden.

Bezeichnet p den von der Ausbringungs- und Absatzmenge unabhängigen Absatzpreis einer Erzeugniseinheit, beträgt der Erlös für die während der Schichtzeit hergestellte Erzeugnismenge:

$$p \cdot X = p \cdot \frac{T}{c} \, . \qquad (2.21)$$

---

1) Vgl. DICK -1966-, S. 112 ff. Identisch mit der Gewinnmaximierung ist die Deckungsbeitragsmaximierung, da die fixen Kosten als von der Taktzeit und der Zahl der eingesetzten Stationen unabhängige Kosten die Entscheidung nicht beeinflussen. Zur Zielsetzung der Deckungsbeitragsmaximierung vgl. ZÄPFEL -1973-, S. 29 ff.; HARDECK-SCHÖNFELDER -1973-, S. 22 ff.

2) Vgl. auch ZÄPFEL -1973-, S. 26.

3) Vgl. auch HARDECK-SCHÖNFELDER -1973-, S. 15. Solche Investitions- und Personalausgaben sind dagegen bei einer langfristigen Planung einzubeziehen; vgl. ADAM -1972-, S. 434 f.; FREEMAN -1967-, S. 64.

Die Materialkosten sind ebenfalls von der Taktzeit bzw. der Ausbringungsmenge abhängig. Fallen für jede Erzeugniseinheit gleich hohe Materialkosten k_m an, ergeben sich pro Schicht folgende mengenproportionale Kosten:

$$(2.22) \qquad k_m \cdot X = k_m \cdot \frac{T}{c} .$$

Während die von der Zahl der eingesetzten Stationen abhängigen Kosten im Falle der automatischen Fließfertigung vollständig aus Maschinenkosten [1] wie z.B. Energie- und Instandhaltungskosten bestehen, sind bei manuell und maschinell ausgeführten Arbeitselementen auch die Personal- oder Lohnkosten der am Fließband eingesetzten Arbeitskräfte [2] zu berücksichtigen. Bezeichnet man mit K_j^P die an der Station j während der Schicht anfallenden Personal- und/oder Maschinenkosten, ergeben sich für die N eingesetzten Stationen insgesamt entscheidungsrelevante Personal- und/oder Maschinenkosten in Höhe von

$$(2.23) \qquad \sum_{j=1}^{N} K_j^P .$$

Faßt man schließlich die entscheidungsrelevanten Komponenten des Gewinns pro Schicht, nämlich die Ausdrücke (2.21), (2.22) und (2.23), zusammen, lautet die zu maximierende Gewinnfunktion [3]:

$$(2.24) \qquad G = (p - k_m) \frac{T}{c} - \sum_{j=1}^{N} K_j^P .$$

Anhand der Zielfunktion (2.24) kann am deutlichsten die zwischen der Taktzeit und der Zahl der Stationen bestehende Interdependenz aufgezeigt werden, die eine simultane Bestimmung

---

1) Vgl. ZÄPFEL -1973-, S. 31.

2) Nicht benötigte Arbeitskräfte werden an anderer Stelle des Betriebes eingesetzt; vgl. HARDECK-SCHÖNFELDER -1973-, S. 25.

3) Vgl. DICK (-1966-, S. 121 ff.), der allerdings von gleich hohen Personalkosten für jede Arbeitsstation ausgeht.

beider Entscheidungsvariablen erfordert. Wird die Taktzeit verringert, wird innerhalb der vorgegebenen Schichtzeit eine höhere Stückzahl ausgebracht, wodurch sich der Überschuß der Erlöse über die Materialkosten ebenfalls erhöht. Der Gewinn steigt jedoch nur dann mit Sicherheit, wenn die Zahl der Stationen konstant bleibt. Dieses ist aber häufig nicht der Fall, denn eine zulässige Lösung des Problems der interdependenten Fließbandabstimmung existiert nur dann, wenn die Bedingung

$$N \cdot c \geqq \sum_{i=1}^{I} t_i \tag{2.25}$$

erfüllt ist, d.h. die Durchlaufzeit die Gesamtbearbeitungszeit nicht unterschreitet. Wie aus der Bedingung (2.25) hervorgeht, ist von einem bestimmten Wert der Taktzeit an eine Zuordnung der Arbeitselemente nur dann realisierbar, wenn eine weitere Arbeitsstation eingerichtet wird, wodurch die Personal- und/oder Maschinenkosten anwachsen und den erhöhten Überschuß der Erlöse über die Materialkosten gegebenenfalls übersteigen. Umgekehrt ist mit einer Verringerung der Zahl der Stationen eine Reduzierung der Personal- und/oder Maschinenkosten verbunden, die nur dann mit Sicherheit zu einem höheren Gewinn führt, wenn die Taktzeit unverändert bleibt. Wie jedoch wiederum die Bedingung (2.25) zeigt, ist von einer bestimmten Zahl der Stationen an eine Fertigung des Erzeugnisses nur möglich, wenn die Taktzeit vergrößert wird. Hierdurch kann sich gegebenenfalls der Gewinn verringern, denn mit einer erhöhten Taktzeit ist eine Reduzierung der Ausbringungsmenge und damit auch eine Verringerung des Überschusses der Erlöse über die Materialkosten verbunden.

3. Lösungsverfahren zur interdependenten Fließbandabstimmung bei deterministischen Elementzeiten

Während für das klassische Fließbandabstimmungsproblem - insbesondere zur Minimierung der Zahl der Stationen bei vorgegebener Taktzeit - eine kaum überschaubare Anzahl von zum Teil recht leistungsfähigen Lösungsverfahren [1] entwickelt wurde, stehen bis zum heutigen Zeitpunkt für das Problem der interdependenten Fließbandabstimmung, also der simultanen Bestimmung der Taktzeit und der Zuordnung der Arbeitselemente auf die einzurichtenden Arbeitsstationen, keine zufriedenstellenden Planungsansätze zur Verfügung. Für die in dieser Arbeit betrachtete Problemstellung sind die vorliegenden Ansätze insbesondere deshalb nicht geeignet, weil in den meisten Fällen eine Minimierung bzw. Maximierung eines der in Abschnitt 2.3.1. erörterten Zeitkriterien angestrebt wird [2], die dem erwerbswirtschaftlichen Prinzip - verstanden als Gewinnmaximierung - in der Regel nicht gerecht werden.

In den folgenden Abschnitten werden verschiedene Lösungsverfahren zur interdependenten Fließbandabstimmung bei deterministischen Elementzeiten diskutiert, denen als Zielsetzung die Maximierung des Gewinns pro Schicht zugrunde liegt. Hierbei handelt es sich um ein ganzzahliges nichtlineares Programmierungsmodell sowie um ein kombinatorisches Verfahren.

---

1) Vgl. z.B. die Übersichten von IGNALL -1965-, S. 246 ff.; HAHN-LUTZ-ROSCHMANN -1968-, S. 89 ff.; BUSSMANN et al. -1968-, S. 315 ff.; MASTOR -1970-, S. 731 ff.

2) Vgl. HELGESON-BIRNIE -1961-, S. 395 ff.; KILBRIDGE-WESTER -1961/1-, S. 294 ff.; MANSOOR -1964/1-, S. 73 ff.; MOODIE -1964-, S. 56 ff.; CARUSO -1965-, S. 50 ff.; HESKIAOFF -1968-, S. 10 ff.

3. 1. Ganzzahlige nichtlineare Programmierung

Ein auf der ganzzahligen nichtlinearen Programmierung basierender Lösungsansatz zur interdependenten Fließbandabstimmung bei deterministischen Elementzeiten, der als Zielsetzung die Maximierung des pro Schicht zu erzielenden Deckungsbeitrages und damit die Maximierung des Gewinns pro Schicht [1] fordert, ist von ZÄPFEL [2] entwickelt worden. Da dieser Modellansatz - besonders was die Komponenten der Zielfunktion angeht - jedoch einige Besonderheiten gegenüber der in dieser Arbeit zu untersuchenden Problemstellung aufweist, soll zur Verdeutlichung der Problemstruktur der interdependenten Fließbandabstimmung ein modifizierter Lösungsansatz dargestellt werden, dessen Zielfunktion nur aus den hier relevanten Erlösen und Materialkosten sowie Personal- und/oder Maschinenkosten besteht.

---

1) Gewinn und Deckungsbeitrag pro Schicht unterscheiden sich allein durch die von der Taktzeit und der Zahl der eingesetzten Stationen unabhängigen Kosten; vgl. auch Fußnote 1) auf S. 31.

2) ZÄPFEL -1973-, S. 29ff. Fehlerhaft ist dagegen die ebenfalls von ZÄPFEL (-1973-, S. 38) angegebene Zielfunktion zur Maximierung des Deckungsbeitrages pro Leistungseinheit, da der Deckungsbeitrag pro Schicht durch die variable Produktionsmenge dividiert wird.

3.1.1. Modellformulierung

3.1.1.1. Variablen

Da bei der interdependenten Fließbandabstimmung neben der Zuordnung der Arbeitselemente auch die Taktzeit und die Zahl der einzurichtenden Arbeitsstationen zu bestimmen sind, lassen sich drei Variablentypen unterscheiden. Der erste Variablentyp bringt zum Ausdruck, ob über die mindestens erforderliche Zahl der Stationen J_u hinaus bis zu einer Obergrenze J_o weitere Arbeitsstationen einzusetzen sind:

$$s_j = \begin{cases} 1, & \text{wenn die Station } j \text{ benötigt wird,} \\ 0, & \text{sonst} \end{cases} \qquad (j=J_u+1,\ldots,J_o).$$

Die Binärvariablen s_j legen gleichzeitig die Anzahl der insgesamt einzurichtenden Arbeitsstationen fest und werden daher im folgenden als Stationsvariable bezeichnet. Die untere Schranke für die Zahl der einzusetzenden Stationen wird dabei durch den ganzzahligen Quotienten aus der Gesamtbearbeitungszeit und der Taktzeitobergrenze (2.12) bestimmt [1]:

$$(3.1) \qquad J_u = \left[\frac{\sum_{i=1}^{I} t_i}{c_o} \right]^+ ,$$

während die Obergrenze für die Zahl der einzurichtenden Stationen J_o ($J_o \leqq N_{max}$) mindestens so groß wie die durch den ganzzahligen Quotienten aus der Gesamtbearbeitungszeit und der Taktzeituntergrenze (2.9) bestimmte theoretisch maximale Zahl der Stationen sein muß [2]:

---

1) $[Y]^+$ bezeichnet die kleinste ganze Zahl, die größer oder gleich Y ist.

2) Vgl. ZÄPFEL -1973-, S. 39.

$$(3.2) \qquad J_o \geq \left[\frac{\sum_{i=1}^{I} t_i}{c_u} \right]^+ .$$

Denn es ist aufgrund der Verteilung der Elementzeiten auf die einzelnen Arbeitselemente und der bei der Optimierung zu beachtenden Beschränkungen nicht sicher, ob bei einer Taktzeit von c_u Zeiteinheiten die theoretisch maximale Zahl der Stationen auch tatsächlich ausreicht.

Zweitens ist über die Taktzeit c - und damit über die Produktionsmenge - zu entscheiden, die in dem Intervall $[c_u, c_o]$ beliebige ganzzahlige Werte annehmen kann.

Der dritte Variablentyp legt schließlich die Zuordnung der I Arbeitselemente auf die maximal J_o Arbeitsstationen fest und ist definiert als:

$$x_{ij} = \begin{cases} 1, & \text{wenn das Arbeitselement i der Station j zugeordnet wird,} \\ 0, & \text{sonst} \end{cases} \qquad \begin{matrix} (i=1,\ldots,I) \\ (j=1,\ldots,J_o). \end{matrix}$$

Die Anzahl dieser als Zuordnungsvariablen bezeichneten Binärvariablen beläuft sich auf $I \cdot J_o$, so daß aufgrund der ganzzahligen Taktzeit und der $J_o - J_u$ Stationsvariablen für die Stationen $j \in \{J_u + 1,\ldots,J_o\}$ insgesamt $J_o(I + 1) - J_u + 1$ Variable erforderlich sind, bei denen es sich bis auf die Taktzeit um Binärvariable handelt.

Mit Hilfe der angegebenen Variablentypen können nunmehr die Zielfunktion und die Nebenbedingungen des Modells formuliert werden.

3.1.1.2. Zielfunktion

Die zu maximierende Zielfunktion gibt den Gewinn pro Schicht wieder. Sie lautet:

$$(3.3) \qquad z = (p - k_m)\,\frac{T}{c} - \sum_{j=J_u+1}^{J_o} K_j^P \cdot s_j \rightarrow \max!,$$

wobei die in jedem Falle erforderlichen Personal- und/oder Maschinenkosten in Höhe von

$$\sum_{j=1}^{J_u} K_j^P$$

als entscheidungsunabhängige Kosten hier nicht berücksichtigt zu werden brauchen. Während die zusätzlichen Personal- und/ oder Maschinenkosten

$$\sum_{j=J_u+1}^{J_o} K_j^P \cdot s_j$$

mit der über J_u hinausgehenden Zahl der Stationen sprunghaft ansteigen, ist der Überschuß der Erlöse über die Materialkosten eine nichtlineare Funktion der Taktzeit. Daher führt dieser Modellansatz zur interdependenten Fließbandabstimmung auf ein ganzzahliges nichtlineares Optimierungsproblem.

3.1.1.3. Nebenbedingungen

Bei der Maximierung der Zielfunktion (3.3) sind die folgenden Nebenbedingungen zu beachten:

(1) Zuordnungsbedingungen

Die Gleichungen

$$(3.4) \qquad \sum_{j=1}^{J_o} x_{ij} = 1 \qquad (i=1,\dots,I)$$

erzwingen, daß jedes Arbeitselement $i \in W = \{1,2,\dots,I\}$ genau einer der maximal J_o Arbeitsstationen zugeteilt wird [1].

(2) Taktzeitrestriktionen

Die Summe der Elementzeiten der einer Station zugeordneten Arbeitselemente darf die (zu bestimmende) Taktzeit nicht überschreiten. Somit gilt für die in jedem Falle erforderlichen Stationen $j \in \{1,\dots,J_u\}$:

$$(3.5a) \qquad \sum_{i=1}^{I} t_i \cdot x_{ij} \leqq c \qquad (j=1,\dots,J_u)$$

und für die gegebenenfalls zusätzlich einzurichtenden Stationen $j \in \{J_u+1,\dots,J_o\}$:

$$(3.5b) \qquad \sum_{i=1}^{I} t_i \cdot x_{ij} \leqq c \cdot s_j \qquad (j=J_u+1,\dots,J_o).$$

Die Nebenbedingung (3.5b) koppelt zugleich die Zuordnungsvariablen mit den Stationsvariablen. Denn sobald der Station $j \in \{J_u+1,\dots,J_o\}$ ein Arbeitselement zugeordnet wird, nimmt die Binärvariable s_j den Wert 1 an. Jedoch wird bei dieser Formulierung die Taktzeit mit den Stationsvariablen multiplikativ verknüpft. Lineare Nebenbedingungen ergeben sich dagegen, wenn die Taktzeitrestriktionen für alle J_o Stationen wie folgt formuliert werden [2]:

$$(3.5c) \qquad \sum_{i=1}^{I} t_i \cdot x_{ij} \leqq c \qquad (j=1,\dots,J_o)$$

---

1) Vgl. ZÄPFEL -1973-, S. 38.

2) Vgl. ZÄPFEL -1973-, S. 39.

und die Kopplung der Zuordnungs- und Stationsvariablen über die Bedingungen [1]

(3.5d) $$\sum_{i=1}^{I} x_{ij} \leq I \cdot s_j \qquad (j=J_u+1,\ldots,J_o)$$

erfolgt. In diesem Fall erhöht sich die Zahl der Nebenbedingungen um $J_o - J_u$.

(3) Reihenfolgebedingungen

Die direkten Nachfolger des Arbeitselementes i (i=1,...,I), die Arbeitselemente $k \in \Gamma_i^d$, können erst dann einer Arbeitsstation $j \in \{1,\ldots,J_o\}$ zugeordnet werden, wenn das Arbeitselement i bereits einer der Stationen $j^* \in \{1,\ldots,j\}$ zugewiesen worden ist. Diese R direkten Reihenfolgebeziehungen werden durch die gleiche Zahl der folgenden Nebenbedingungen gesichert [2]:

(3.6) $$\sum_{j=1}^{J_o} j(x_{ij} - x_{kj}) \leq 0 \qquad (i=1,\ldots,I) \quad (k \in \Gamma_i^d).$$

(4) Zonenbeschränkungen

Aus der großen Zahl möglicher Zonenbeschränkungen sollen hier zwei Fälle herausgegriffen werden [3]. Dürfen beispielsweise die Arbeitselemente i_1 und k_1 nicht der gleichen Arbeitsstation zugeordnet werden, gilt:

(3.7a) $$x_{i_1 j} + x_{k_1 j} \leq 1 \qquad (j=1,\ldots,J_o).$$

Sollen dagegen die Arbeitselemente i_2 und k_2 einer Arbeitsstation zugeordnet werden, lautet die Nebenbedingung:

(3.7b) $$x_{i_2 j} - x_{k_2 j} = 0 \qquad (j=1,\ldots,J_o).$$

---

1) Vgl. ZÄPFEL -1973-, S. 40. Hier werden jedoch die Bedingungen für alle J_o Stationen formuliert.

2) Vgl. ZÄPFEL -1973-, S. 40.

3) Vgl. ZÄPFEL -1973-, S. 41.

Falls die Summe der Elementzeiten der Arbeitselemente i_2 und k_2 die Taktzeitobergrenze überschreitet, existiert keine zulässige Lösung.

(5) Bedingungen, die ein Überspringen von Stationen verhindern

Die Nebenbedingungen

(3.8) $$s_{j+1} \leqq s_j \qquad (j=J_u+1,\ldots,J_o-1)$$

gewährleisten, daß der Arbeitsstation j+1 erst dann Arbeitselemente zugeordnet werden, wenn auch die vorhergehende Station j benötigt wird.

(6) Zulässigkeitsbedingungen für die Taktzeit

Die Taktzeit ist durch das Intervall

(3.9) $$c_u \leqq c \leqq c_o$$

mit $$c_u = \max \left\{ \frac{T}{X_o}, \frac{\sum_{i=1}^{I} t_i}{N_{max}}, \max \{t_i \mid i=1,\ldots,I\} \right\}$$

und $$c_o = \min \left\{ \left[\frac{T}{X_u}\right]^-, \sum_{i=1}^{I} t_i - 1 \right\}$$

beschränkt [1].

Im Gegensatz zur Taktzeit kann auf die explizite Formulierung der Beschränkungen für die Zahl der Stationen verzichtet werden, da diese bereits bei der Ableitung des Taktzeitintervalls und der Bestimmung des Definitionsbereiches der Stationsvariablen berücksichtigt wurden.

---

1) Zur Ableitung des Taktzeitintervalls vgl. Abschnitt 2.2.4.

(7) Nichtnegativitäts- und Ganzzahligkeitsbedingungen

(3.10)
$$s_j \in \{0,1\} \qquad (j=J_u+1,\dots,J_o)$$
$$x_{ij} \in \{0,1\} \qquad (i=1,\dots,I) \quad (j=1,\dots,J_o)$$
$$c \in M_Z$$

Dieser ganzzahlige nichtlineare Programmierungsansatz erfordert $5 \cdot J_o - 2 \cdot J_u + I + R + 1$ lineare Nebenbedingungen, wenn die Zuordnungs- und Stationsvariablen über die Bedingungen (3.5d) gekoppelt werden.

3.1.1.4. Reduktion des Modellumfangs

Da bei der Zuordnung der Arbeitselemente auf die Arbeitsstationen sowohl die zwischen den Arbeitselementen bestehenden Reihenfolgebeziehungen als auch die Taktzeitbedingungen beachtet werden müssen, läßt sich die Zahl der Zuordnungsvariablen einschränken und damit der Modellumfang reduzieren. Denn das Arbeitselement i kann unter Berücksichtigung seiner eigenen Elementzeit und der vor bzw. nach ihm liegenden Bearbeitungszeiten sowie der Ober- und Untergrenze der Taktzeit frühestens der Arbeitsstation

(3.11a)
$$f_i = \left\lceil \frac{t_i + \sum_{k \in \Lambda_i} t_k}{c_o} \right\rceil^+ \qquad (i=1,\dots,I)$$

zugeordnet werden und muß spätestens der Station

(3.11b)
$$h_i = J_o + 1 - \left\lceil \frac{t_i + \sum_{k \in \Gamma_i} t_k}{c_u} \right\rceil^+ \qquad (i=1,\dots,I)$$

zugewiesen werden [1], wobei Λ_i bzw. Γ_i die Menge aller Vorgänger bzw. Nachfolger des Arbeitselementes i angibt. Durch diese Begrenzung des Definitionsbereiches der Zuordnungsvariablen vermindert sich deren Anzahl von $I \cdot J_o$ auf

$$\sum_{i=1}^{I} (h_i - f_i + 1) = \sum_{i=1}^{I} (h_i - f_i) + I,$$

und die Zuordnungsvariablen enthaltenden Nebenbedingungen nehmen das folgende Aussehen an:

(3.12a) $$\sum_{j=f_i}^{h_i} x_{ij} = 1 \qquad (i=1,\ldots,I),$$

(3.12b) $$\sum_{i \in M_j^*} t_i \cdot x_{ij} \leqq c \qquad (j=1,\ldots,J_o),$$

(3.12c) $$\sum_{i \in M_j^*} x_{ij} \leqq I \cdot s_j \qquad (j=J_u+1,\ldots,J_o),$$

(3.12d) $$\sum_{j=f_i}^{h_i} j \cdot x_{ij} - \sum_{j=f_k}^{h_k} j \cdot x_{kj} \leqq 0 \qquad (i=1,\ldots,I)\ (k \in \Gamma_i^d),$$

(3.12e) $$x_{i_1 j} + x_{k_1 j} \leqq 1 \qquad j \in \{f_{i_1},\ldots,h_{i_1}\} \cap \{f_{k_1},\ldots,h_{k_1}\},$$

(3.12f) $$x_{i_2 j} - x_{k_2 j} = 0 \qquad j \in \{f_{i_2},\ldots,h_{i_2}\} \cap \{f_{k_2},\ldots,h_{k_2}\}.$$

M_j^* bezeichnet dabei die Menge der der Station j zuteilbaren Arbeitselemente: $M_j^* = \{i | f_i \leqq j;\ h_i \geqq j\}$.

1) Vgl. ZÄPFEL -1973-, S. 44.

Schließlich kann die Zahl der Variablen um weitere I Zuordnungsvariable reduziert werden, wenn in jeder der als Gleichungen formulierten Zuordnungsbedingungen (3.12a) eine Variable durch die restlichen Variablen ausgedrückt wird [1]. So gilt beispielsweise:

$$(3.13) \qquad x_{if_i} = 1 - \sum_{j=f_i+1}^{h_i} x_{ij} \qquad (i=1,\ldots,I).$$

Die Zuordnungsbedingungen lauten dann:

$$\sum_{j=f_i+1}^{h_i} x_{ij} \leqq 1 \qquad (i=1,\ldots,I),$$

während in den weiteren Nebenbedingungen die Variable x_{if_i} durch den in (3.13) angegebenen Ausdruck zu ersetzen ist. Dadurch reduziert sich die Zahl der Variablen auf

$$\sum_{i=1}^{I} (h_i - f_i) + J_o - J_u + 1.$$

3.1.2. Lösungsmöglichkeiten

Zur Lösung ganzzahliger nichtlinearer Optimierungsprobleme steht eine Reihe von Algorithmen [2] zur Verfügung, von denen ein großer Teil allerdings nur dann anwendbar ist, wenn die Zielfunktion und die Nebenbedingungen Polynome mit ausschließlich binären Variablen sind [3]. Dieses trifft für den im vorangegangenen Abschnitt formulierten Modellansatz nicht zu, da das erste Glied der Zielfunktion (3.3) eine gebrochen rationale Funktion der Taktzeit ist, die darüber hinaus

1) Vgl. ZÄPFEL -1973-, S. 46.

2) Vgl. z.B. LAWLER-BELL -1966-; WATTERS -1967-; HAMMER-RUDEANU -1969-; KORTE-KRELLE-OBERHOFER -1969-; LÜDER-STREITFERDT -1972-; TAHA -1972-.

3) Das gilt für die Algorithmen von LAWLER-BELL, WATTERS, HAMMER-RUDEANU, LÜDER-STREITFERDT und TAHA.

beliebige ganzzahlige Werte im Intervall $[c_u, c_o]$ annehmen kann. Soll dieser Modellansatz dennoch mit den auf Polynome und Binärvariablen beschränkten Verfahren gelöst werden, sind die folgenden Modifikationen erforderlich:

(1) Zunächst wird die bisherige nichtlineare Zielfunktion (3.3) in eine lineare Funktion transformiert, indem anstatt der Taktzeit die Produktionsmenge direkt als Variable gewählt wird. Dabei wird die Produktionsmenge durch ihre binäre Entwicklung

$$\sum_{\kappa=0}^{\bar{\kappa}-1} 2^{\kappa} \cdot v_{\kappa} \tag{3.14}$$

substituiert [1], wobei $\bar{\kappa}$, die Zahl der Binärvariablen v_{κ}, durch die kleinste ganze Zahl bestimmt wird, für die gilt [2]:

$$\sum_{\kappa=0}^{\bar{\kappa}-1} 2^{\kappa} \geqq X_o.$$

Aufgrund (3.14) gilt dann für die modifizierte Zielfunktion:

$$z = (p - k_m)\left(\sum_{\kappa=0}^{\bar{\kappa}-1} 2^{\kappa} \cdot v_{\kappa}\right) - \sum_{j=J_u+1}^{J_o} K_j^P \cdot s_j \rightarrow \max!. \tag{3.15}$$

(2) Darüber hinaus wird die Produktionsmenge über eine spezielle Nebenbedingung mit der Taktzeit gekoppelt. Analog zur Produktionsmenge wird hierbei die Taktzeit durch den binären Ausdruck

---

1) Aufgrund (3.14) sind für die Produktionsmenge nur ganzzahlige Werte zugelassen.

2) Vgl. LÜDER -1969-, S. 413.

$$\sum_{\pi=0}^{\bar{\pi}-1} 2^{\pi} \cdot v_{\pi}^{*}$$

ersetzt, wobei $\bar{\pi}$ durch die kleinste ganze Zahl bestimmt wird, für die gilt:

$$\sum_{\pi=0}^{\bar{\pi}-1} 2^{\pi} \geq c_{o}.$$

Damit ergibt sich die zusätzliche nichtlineare Nebenbedingung [1])

$$\left(\sum_{\kappa=0}^{\bar{\kappa}-1} 2^{\kappa} \cdot v_{\kappa}\right)\left(\sum_{\pi=0}^{\bar{\pi}-1} 2^{\pi} \cdot v_{\pi}^{*}\right) \leq T, \tag{3.16}$$

in der die neu entstandenen Binärvariablen multiplikativ miteinander verknüpft sind.

Das auf diese Weise geschaffene binäre nichtlineare Optimierungsproblem mit der linearen Zielfunktion (3.15), der nichtlinearen Restriktion (3.16) und den linearen Nebenbedingungen (3.8), (3.12a), (3.12c) bis (3.12f) sowie den Beschränkungen

$$\sum_{i \in M_j^*} t_i \cdot x_{ij} \leq \sum_{\pi=0}^{\bar{\pi}-1} 2^{\pi} \cdot v_{\pi}^{*} \qquad (j=1,\ldots,J_o)$$

und

$$c_u \leq \sum_{\pi=0}^{\bar{\pi}-1} 2^{\pi} \cdot v_{\pi}^{*} \leq c_o$$

erfordert jedoch für realtypische Abstimmungsprobleme mit einigen Hundert Binärvariablen und Nebenbedingungen [2]) einen Rechenaufwand, der die Leistungsfähigkeit der heute zur Lösung

---

1) Die Bedingung (3.16) ist als Ungleichung zu formulieren, da andernfalls nicht immer eine zulässige Lösung gewährleistet ist.

2) Für ein Abstimmungsproblem mit beispielsweise 100 Arbeitselementen, 150 direkten Reihenfolgebeziehungen und mindestens 5 bzw. maximal 20 Arbeitsstationen werden (maximal) 1900 Zuordnungsvariable, 15 Stationsvariable und 50 zusätzliche Binärvariable ($\bar{\kappa}$ = 10, $\bar{\pi}$ = 5) sowie (maximal) 342 Nebenbedingungen benötigt.

binärer nichtlinearer Optimierungsprobleme zur Verfügung stehenden Algorithmen bei weitem übersteigt. Dieses zeigen die numerischen Erfahrungen mit dem ebenfalls auf (0,1)-Variable zurückgeführten Modellansatz von ZÄPFEL [1], der sich von der vorstehenden Modellformulierung zwar insbesondere durch eine spezielle Ausgestaltung der Absatzsituation sowie eine Bewertung von Leerzeiten, nicht aber hinsichtlich der Struktur der Variablen und Nebenbedingungen unterscheidet. Daraus folgt, daß sowohl der von ZÄPFEL vorgeschlagene als auch der vorstehend formulierte ganzzahlige nichtlineare Programmierungsansatz zur Lösung umfangreicherer Fließbandabstimmungsprobleme nicht mehr angewendet werden kann.

3. 2. Kombinatorisches Verfahren

3.2.1. Lösungskonzept

Angesichts der rechentechnischen Schwierigkeiten bei der Lösung ganzzahliger nichtlinearer Programmierungsmodelle wird in diesem Abschnitt ein Verfahren entwickelt, das auch für praxisrelevante Größenordnungen optimale oder zumindest dem Optimum sehr nahe gelegene Lösungen liefert. Der Grundgedanke des Verfahrens besteht darin, gezielt bestimmte Kombinationen der Taktzeit und der Zahl der Stationen [2] auszuwählen und diese durch Lösung des jeweils dazugehörigen klassischen Fließbandabstimmungsproblems zu untersuchen. Ein solches

---

1) ZÄPFEL (-1973-, S. 51 ff.) untersucht diesen Modellansatz anhand mehrerer Testprobleme und der Algorithmen von TAHA und WATTERS auf den erforderlichen Rechenaufwand. Dabei fallen für das Verfahren von TAHA bereits bei äußerst kleinen Abstimmungsproblemen extrem hohe Rechenzeiten an, während für realtypische Abstimmungsprobleme auch das Verfahren von WATTERS nicht mehr anwendbar ist.

2) Es handelt sich somit nicht um eine Voll-, sondern um eine Teilenumeration von Kombinationen der Taktzeit und der Zahl der Stationen.

- im folgenden als kombinatorisch bezeichnetes - Verfahren bietet den Vorteil, daß zur Lösung der häufig mehrfach zu berechnenden klassischen Fließbandabstimmungsprobleme eine Reihe leistungsfähiger Verfahren zur Verfügung steht. Diese als Teilprogramm des kombinatorischen Verfahrens einsetzbaren klassischen Fließbandabstimmungsverfahren reichen von zum Teil sehr aufwendigen exakten Verfahren bis zu einfachen heuristischen Methoden. Während die exakten Verfahren in endlich vielen Schritten optimale Lösungen garantieren, führen die heuristischen Methoden zwar nicht immer mit Sicherheit zu einer optimalen Lösung, doch in vielen Fällen mit erheblich reduziertem Rechenaufwand zu einer dem Optimum sehr nahe gelegenen Lösung [1]. Das eingesetzte klassische Fließbandabstimmungsverfahren bestimmt somit in hohem Maße die Effizienz des kombinatorischen Verfahrens hinsichtlich der Qualität der gefundenen Lösung und der erforderlichen Rechenzeit. Handelt es sich bei dem eingesetzten klassischen Fließbandabstimmungsverfahren um ein exaktes Verfahren, liefert auch das kombinatorische Verfahren mit Sicherheit optimale Lösungen. Wird dagegen zur klassischen Fließbandabstimmung ein heuristisches Verfahren eingesetzt, ist die Optimalität der Lösung des kombinatorischen Verfahrens nicht mehr gewährleistet.

Das kombinatorische Verfahren geht im einzelnen in folgenden Schritten vor (vgl. auch das Flußdiagramm, Abbildung 3.-1):

1. Schritt: Bildung und Bewertung von Kombinationen der Taktzeit und der Zahl der Stationen

Bei der Enumeration der relevanten Kombinationen der Taktzeit und der Zahl der Stationen wird mit der kleinsten zulässigen Taktzeit, der Taktzeituntergrenze c_u, begonnen. Für diese

---

1) Zum Wesen der heuristischen Verfahren vgl. u.a. SIMON-NEWELL -1958-; WIEST -1966-; ZEHNDER -1969-; KLEIN -1971-, S. 35 ff.; HERROELEN -1972-; MÜLLER-MERBACH -1973-, S. 290 ff.

Start
Einlesen der Daten
I; t_i (i = 1,...,I);
direkte Vorgänger oder direkte Nachfolger;
T; X_u; X_o; N_{max}; p; k_m;
K_j^P (j = 1,...,N_{max})
Ermittlung des zulässigen Taktzeitintervalls
$[c_u, c_o]$
(1)
$\nu := 1$
$c_\nu := c_u$
Berechnung der theoretisch minimalen Zahl der Stationen m_ν
ja
$\nu = 1$?
nein
$c_\nu = c_{\nu-1}$?
ja
$\nu := \nu - 1$
$m_\nu := m_\nu - 1$
nein
$G_\nu^* := (p - k_m) \frac{T}{c_\nu} - \sum_{j=1}^{m_\nu} K_j^P$
$m_{\nu+1} := m_\nu - 1$
$\nu := \nu + 1$
$c_{\nu+1} := \left[\frac{\sum_{i=1}^{I} t_i}{m_{\nu+1}} \right]^+$
ja
$c_{\nu+1} \leq c_o$?
nein
(2)
Ermittlung der (c, m) - Kombination $\hat{\nu}$, für die der theoretisch erreichbare Gewinn maximal ist
(3)
Klassische Fließbandabstimmung für die Taktzeit $c_{\hat{\nu}}$
Ist eine Lösung mit $m_{\hat{\nu}}$ Stationen möglich?
nein
ja
1
(5)
Ausdrucken:
$c_{\hat{\nu}}$
$m_{\hat{\nu}}$
Zuordnung der Arbeitselemente auf die Stationen
$G_{\hat{\nu}}^*$
Stop
2
(4)
$c_{\hat{\nu}} := c_{\hat{\nu}} + 1$
$c_{\hat{\nu}} > c_o$?
ja
nein
Wurde $c_{\hat{\nu}}$ bereits gespeichert?
ja
nein
$G_{\hat{\nu}}^* := (p - k_m) \frac{T}{c_{\hat{\nu}}} - \sum_{j=1}^{m_{\hat{\nu}}} K_j^P$
$G_{\hat{\nu}}^* := -\infty$

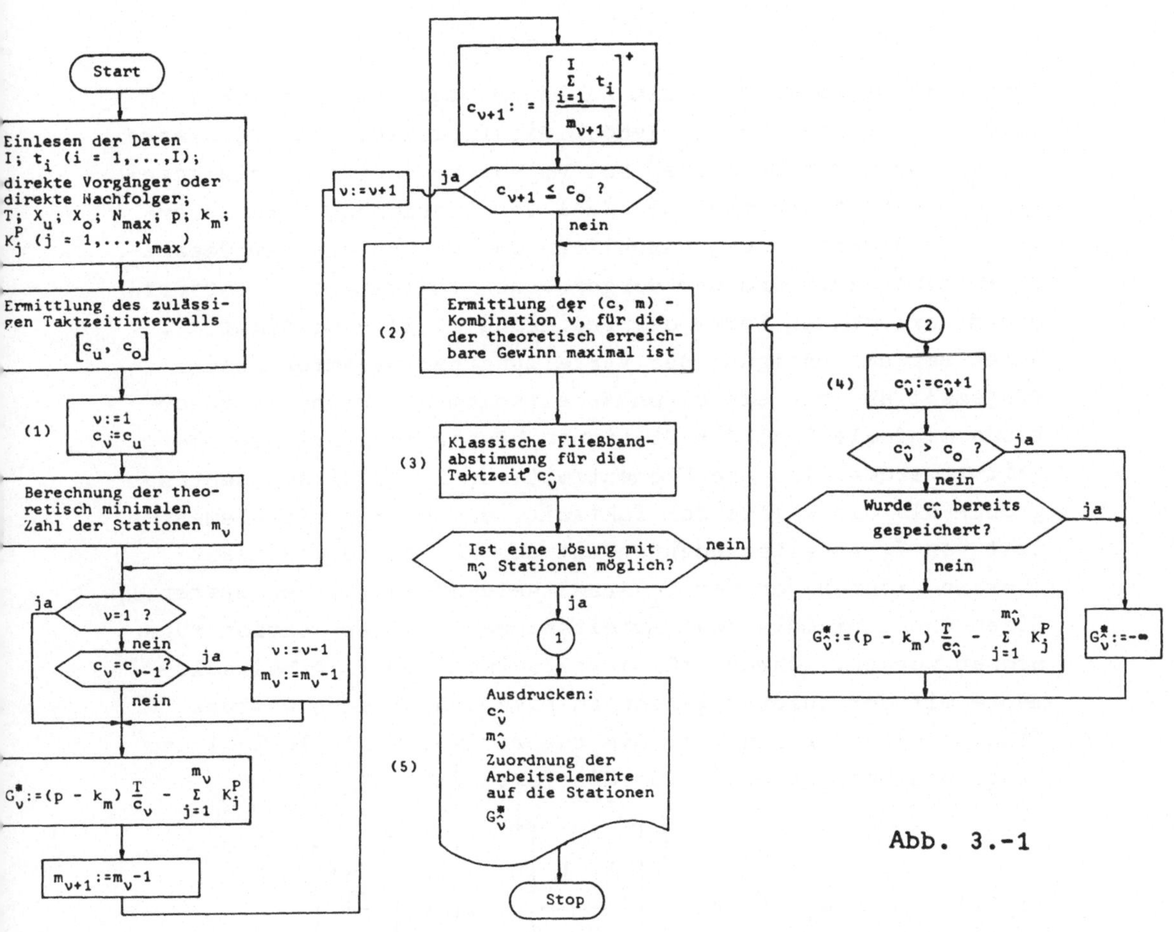

Abb. 3.-1

Taktzeit erreicht der Gewinn

$$G = (p - k_m)\,\frac{T}{c_u} - \sum_{j=1}^{N} K_j^P$$

dann sein Maximum, wenn die Zahl der Stationen minimiert wird. Die untere, häufig jedoch nicht realisierbare Schranke für die Zahl der Stationen bei gegebener Taktzeit, die sogenannte theoretisch minimale Zahl der Stationen, wird in erster Linie durch den ganzzahligen Quotienten aus der Gesamtbearbeitungszeit und der vorgegebenen Taktzeit c_u - entsprechend der rechten Seite der Bedingung (3.2) - bestimmt [1]. Unter Berücksichtigung der Verteilung der Gesamtbearbeitungszeit auf die einzelnen Arbeitselemente kann die theoretisch minimale Zahl der Stationen häufig noch exakter bestimmt werden. Ist die Elementzeit von I_1 Arbeitselementen größer als die Hälfte der Taktzeit, und stimmt die Elementzeit von I_2 Arbeitselementen mit der Hälfte der Taktzeit überein, können von den I_1 Arbeitselementen mit der ersten Eigenschaft niemals zwei Arbeitselemente einer Station zugeordnet werden, während für jeweils zwei der I_2 Arbeitselemente mit der zuletzt genannten Eigenschaft eine weitere Station erforderlich ist. Die theoretisch minimale Zahl der Stationen beträgt daher für die Taktzeit c_u [2]:

$$(3.17) \qquad m_1 = \max \left\{ \left[\frac{\sum_{i=1}^{I} t_i}{c_u}\right]^+ ,\; I_1 + \left[\frac{I_2}{2}\right]^+ \right\}.$$

Für die erste Kombination ($\nu = 1$) mit der Taktzeit $c_1 = c_u$ und der zugehörigen theoretisch minimalen Zahl der Stationen m_1, die hinsichtlich der verfügbaren Personal- und Maschinenkapazität stets zulässig ist, wird schließlich der theoretisch erreichbare Gewinn

---

1) Vgl. MOODIE -1964-, S. 16.

2) Vgl. auch SALVESON -1955-, S. 20. Dabei sind I_1 und I_2 von der vorgegebenen Taktzeit abhängig.

$$G_1^* = (p - k_m) \frac{T}{c_1} - \sum_{j=1}^{m_1} K_j^P$$

als Differenz des Überschusses der Erlöse über die Materialkosten und der theoretisch minimalen Personal- und/oder Maschinenkosten bestimmt.

Die Bildung und Bewertung weiterer Kombinationen der Taktzeit und der dazugehörigen theoretisch minimalen Zahl der Stationen, die im folgenden als (c,m) - Kombinationen bezeichnet werden, wird anhand der Funktion des theoretisch erreichbaren Gewinns in Abhängigkeit der Taktzeit verdeutlicht. Eine solche mit $G^*(c)$ bezeichnete Funktion ist zusammen mit der Funktion des Überschusses der Erlöse über die Materialkosten Ü(c) und der Funktion der theoretisch minimalen Personal- und/oder Maschinenkosten $K^P(c)$ - jeweils in Abhängigkeit der Taktzeit - für das zulässige Taktzeitintervall $[c_u, c_o]$ in Abbildung 3.-2 dargestellt.

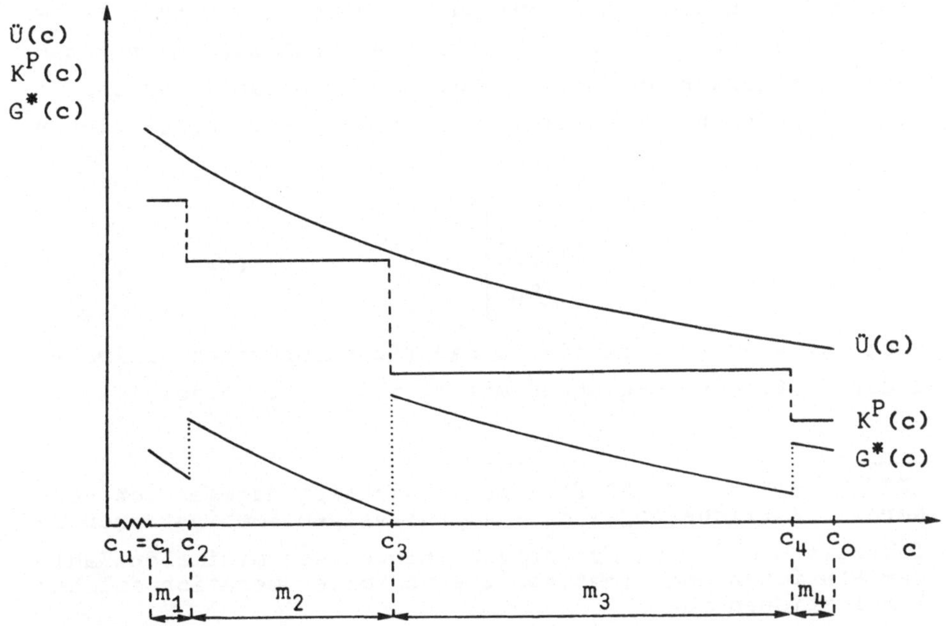

Abb. 3.-2

Während die Funktion $\ddot{U}(c)$ stetig ist und sich asymptotisch der Abszisse nähert, handelt es sich bei der Funktion $K^P(c)$ um eine stückweise konstante und schwach-monoton fallende Funktion, die jeweils dann eine Unstetigkeit aufweist, wenn bei steigender Taktzeit theoretisch eine Station weniger benötigt wird. Die Funktion $G^*(c)$ als Differenz der Funktionen $\ddot{U}(c)$ und $K^P(c)$ ist somit eine stückweise monoton fallende Funktion, deren Unstetigkeiten an den gleichen Stellen wie bei der Funktion $K^P(c)$ liegen. Wie aus Abbildung 3.-2 hervorgeht, sind innerhalb des zulässigen Taktzeitintervalls neben der Taktzeituntergrenze c_u zunächst allein diejenigen Taktzeiten von Interesse, an denen die Funktionen $G^*(c)$ bzw. $K^P(c)$ Unstetigkeiten aufweisen [1]. Diese Taktzeiten c_ν $(\nu=2,\ldots,\bar{\nu})$ dominieren alle Taktzeiten $c > c_\nu$, die bei der gleichen theoretisch minimalen Zahl von m_ν Stationen und damit gleich hohen theoretisch minimalen Personal- und/oder Maschinenkosten einen geringeren Überschuß der Erlöse über die Materialkosten und somit einen geringeren theoretisch erreichbaren Gewinn erbringen als die Taktzeiten c_ν. Die innerhalb des zulässigen Taktzeitintervalls liegenden relevanten Taktzeiten c_ν $(\nu=2,\ldots,\bar{\nu})$ ergeben sich durch den ganzzahligen Quotienten aus der Gesamtbearbeitungszeit und der jeweils vorgegebenen theoretisch minimalen Zahl der Stationen m_ν:

$$c_\nu = \left[\frac{\sum_{i=1}^{I} t_i}{m_\nu}\right]^+ \qquad (\nu=2,\ldots,\bar{\nu}).$$

Hierbei ist zu berücksichtigen, daß die theoretisch minimale Zahl der Stationen, beginnend mit $m_2 = m_1 - 1$, um jeweils eine

---

1) ZÄPFEL (-1973-, S. 59 ff.) berücksichtigt dagegen von vornherein sämtliche $(c_o - c_u + 1)$ zulässigen Kombinationen der Taktzeit und der dazugehörigen theoretisch minimalen Zahl der Stationen und nimmt somit eine Vollenumeration solcher Kombinationen vor.

Einheit bis auf höchstens $m_{\bar{\nu}} = 2$ reduziert wird [1]. Stimmt bei diesem Vorgehen die Taktzeit c_ν mit der Taktzeit der vorhergehenden Kombination $\nu - 1$ überein, kann die Kombination $\nu - 1$ außer acht gelassen werden, da sie bei gleicher Taktzeit eine größere Stationenzahl als die zuletzt gebildete Kombination aufweist.

Ebenso wie für das Wertepaar (c_1, m_1) wird für alle der auf diese Weise gebildeten (c, m) - Kombinationen der theoretisch erreichbare Gewinn

$$(3.18) \qquad G_\nu^* = (p - k_m) \frac{T}{c_\nu} - \sum_{j=1}^{m_\nu} K_j^P \qquad (\nu=2,\ldots,\bar{\nu})$$

berechnet.

2. Schritt: Ermittlung der gewinnmaximalen (c, m) - Kombination

Aus der Menge der (c, m) - Kombinationen wird diejenige Kombination $\hat{\nu}$ mit der Taktzeit $c_{\hat{\nu}}$ und $m_{\hat{\nu}}$ Stationen bestimmt, bei der der theoretisch erreichbare Gewinn mit $G_{\hat{\nu}}^*$ sein Maximum erreicht.

3. Schritt: Überprüfung der Zulässigkeit der gewinnmaximalen (c, m) - Kombination durch Lösung eines klassischen Fließbandabstimmungsproblems

Die (c, m) - Kombination $\hat{\nu}$, die theoretisch zum höchsten Gewinn von $G_{\hat{\nu}}^*$ führt, ist auf ihre Zulässigkeit hinsichtlich der Taktzeit-, Reihenfolge- und Zonenbeschränkungen zu überprüfen. Dazu ist ein klassisches Fließbandabstimmungsproblem zu lösen - unabhängig davon, ob neben der Zuordnung der Arbeitsele-

---

1) $m_{\bar{\nu}} = 1$ ist nicht mehr zulässig, da die Arbeitselemente auf mindestens zwei Arbeitsstationen zu verteilen sind.

mente auf die Arbeitsstationen bei vorgegebener Taktzeit die minimale Zahl der Stationen oder bei konstanter Stationenzahl die minimale Taktzeit bestimmt wird. Der Grund dafür, daß beide Varianten des klassischen Fließbandabstimmungsproblems für das kombinatorische Verfahren gleichbedeutend sind, besteht darin, daß die gewinnmaximale (c, m) - Kombination $\hat{\nu}$ dann zulässig ist, wenn sich sämtliche Arbeitselemente für die Taktzeit $c_{\hat{\nu}}$ auf $m_{\hat{\nu}}$ Arbeitsstationen zuordnen lassen oder bei $m_{\hat{\nu}}$ Arbeitsstationen die Taktzeit $c_{\hat{\nu}}$ zur Ausführung sämtlicher Arbeitselemente ausreicht.

Im folgenden wird die Zulässigkeit der gewinnmaximalen (c, m)-Kombination mit Hilfe derjenigen Lösungsverfahren für das klassische Fließbandabstimmungsproblem überprüft, die die Zahl der Stationen bei vorgegebener Taktzeit minimieren. Diese als Teilprogramm des kombinatorischen Verfahrens dienenden Ansätze sind leistungsfähiger und in einer wesentlich größeren Anzahl entwickelt worden als die Verfahren zur Minimierung der Taktzeit bei konstanter Zahl der Stationen. Zeigt das eingesetzte klassische Fließbandabstimmungsverfahren, daß für die Taktzeit $c_{\hat{\nu}}$ die gewünschte Zuordnung der Arbeitselemente auf $m_{\hat{\nu}}$ Arbeitsstationen aufgrund der nun zu beachtenden Taktzeit-, Reihenfolge- und Zonenbeschränkungen nicht realisierbar ist, wird das kombinatorische Verfahren mit Schritt 4 fortgesetzt. Lassen sich dagegen für die Taktzeit $c_{\hat{\nu}}$ sämtliche Arbeitselemente auf $m_{\hat{\nu}}$ Stationen verteilen, folgt Schritt 5.

4. Schritt: Korrektur der Kombination $\hat{\nu}$

Da die Taktzeit mindestens $c_{\hat{\nu}} + 1$ Zeiteinheiten betragen muß, wenn die Arbeitselemente auf $m_{\hat{\nu}}$ Arbeitsstationen verteilt werden sollen, ist anstatt des Wertepaares $(c_{\hat{\nu}}, m_{\hat{\nu}})$ die Kombination mit der Taktzeit $c_{\hat{\nu}} + 1$ und $m_{\hat{\nu}}$ Arbeitsstationen einzubeziehen. Daher wird für die nicht realisierbare Kombination $\hat{\nu}$ die bisherige Taktzeit um eine Zeiteinheit erhöht. Sofern die auf diese Weise gebildete Taktzeit im zulässigen Taktzeitintervall $[c_u, c_o]$ liegt und bei der Bildung der (c, m) - Kombinationen bisher nicht berücksichtigt wurde, wird für diese Taktzeit und die bisherige Zahl von $m_{\hat{\nu}}$ Arbeitsstationen der theoretisch erreichbare Gewinn $G_{\hat{\nu}}^*$ gemäß (3.18) berechnet und anstatt des bisherigen Gewinns für die um eine Zeiteinheit kleinere Taktzeit gespeichert. Überschreitet dagegen die Taktzeit die Taktzeitobergrenze c_o oder wurde diese bereits gespeichert, wird $G_{\hat{\nu}}^*$ auf $-\infty$ gesetzt, um eine weitere Wahl der Kombination $\hat{\nu}$ zu verhindern. In beiden Fällen fährt das Verfahren mit Schritt 2 fort.

5. Schritt: Ausdrucken der optimalen Lösung

Die Taktzeit $c_{\hat{\nu}}$ stellt in Verbindung mit der zuletzt bestimmten Zuordnung der Arbeitselemente auf $m_{\hat{\nu}}$ Arbeitsstationen die optimale Lösung des Problems der interdependenten Fließbandabstimmung dar, sofern zur Lösung der klassischen Fließbandabstimmungsprobleme ein exaktes Verfahren eingesetzt wird.
In diesem Fall handelt es sich deshalb um die Optimallösung, weil im Laufe des Verfahrens stets die (c, m) - Kombination mit dem höchsten theoretisch erreichbaren Gewinn gewählt und durch Lösung eines exakten Verfahrens zur klassischen Fließbandabstimmung auf ihre Zulässigkeit überprüft wird. Mit dem Ausdrucken der gefundenen Lösung und des zugehörigen Gewinnwertes ist das Verfahren beendet.

Ein Beispiel soll das beschriebene kombinatorische Verfahren verdeutlichen.

3.2.2. Beispiel

In einem Unternehmen ist die mit dem gesamten Fertigungsablauf verbundene Arbeit für ein nach dem Fließprinzip herzustellendes Erzeugnis in 10 Arbeitselemente zerlegt worden. Die zwischen den Arbeitselementen bestehenden Reihenfolgebeziehungen sind ebenso wie die Elementzeiten der Arbeitselemente der Abbildung 2.-1 [1] zu entnehmen. Pro Erzeugniseinheit läßt sich ein Absatzpreis von DM 33,- erzielen, während die Materialkosten DM 30,- pro Stück betragen. Innerhalb der 28000 Sekunden reine Arbeitszeit umfassenden Schicht fallen für die maximal 5 Arbeitsstationen jeweils gleich hohe Personal- und/oder Maschinenkosten in Höhe von DM 900,- an. Von dem Erzeugnis müssen pro Schicht mindestens 1000 Stück hergestellt werden, um die Lieferverpflichtung gegenüber einem Abnehmer zu erfüllen. Auf der anderen Seite ist die Produktionsmenge durch einen knappen Materialvorrat auf 2000 Stück begrenzt. Zonenbeschränkungen sind nicht zu berücksichtigen.

Aufgrund der angegebenen Daten kann die Taktzeit nach (2.9) und (2.12) beliebige ganzzahlige Werte im Intervall $[14, 28]$ annehmen. Innerhalb dieses Bereiches sind für eine Gesamtbearbeitungszeit von 60 Sekunden zunächst die folgenden (c, m) - Kombinationen sowie deren theoretisch erreichbaren Gewinne von Bedeutung (vgl. Tabelle 3.-1):

ν	c_ν	m_ν	G_ν^*
1	14	5	1500,-
2	15	4	2000,-
3	20	3	1500,-

Tab. 3.-1

1) Die Elementzeiten sind in Sekunden angegeben; vgl. S. 18.

Wie die Tabelle 3.-1 zeigt, liegt der maximale theoretisch erreichbare Gewinn bei der Kombination $\hat{\nu}$ = 2 mit der Taktzeit c_2 = 15 Sekunden und m_2 = 4 Arbeitsstationen. Für die Taktzeit c_2 = 15 ist daraufhin ein klassisches Fließbandabstimmungsproblem zu lösen, um zu prüfen, ob für diese Taktzeit eine Lösung mit m_2 = 4 Stationen realisierbar ist. Aufgrund der nun zu beachtenden Taktzeit- und Reihenfolgebedingungen ist jedoch die gewünschte Zuordnung nicht realisierbar, so daß die Taktzeit c_2 um eine Sekunde auf 16 Sekunden erhöht wird. Für diese Taktzeit und m_2 = 4 Arbeitsstationen beträgt der theoretisch erreichbare Gewinn DM 1650,-, so daß nunmehr die in der Tabelle 3.-2 angegebenen (c, m) - Kombinationen zu betrachten sind:

ν	c_ν	m_ν	G^*_ν
1	14	5	1500,-
2	16	4	1650,-
3	20	3	1500,-

Tab. 3.-2

Da der theoretisch erreichbare Gewinn nunmehr sein Maximum bei der Taktzeit c_2 = 16 erreicht, ist für diese Taktzeit erneut ein klassisches Fließbandabstimmungsproblem zu lösen. In diesem Fall lassen sich sämtliche Arbeitselemente auf m_2 = 4 Stationen verteilen, so daß die optimale Lösung mit einer Taktzeit von 16 Sekunden und 4 Stationen erreicht wird. Pro Schicht werden T/c_2 = 1750 Erzeugniseinheiten hergestellt, wodurch ein Gewinn von DM 1650,- erzielt wird. Die Zuordnung der Arbeitselemente auf die 4 Stationen und die in Sekunden angegebenen Stationszeiten sind der Tabelle 3.-3 zu entnehmen:

Station	Arbeitselemente	Stationszeit
1	1 2	15
2	3 5	14
3	6 8 9	16
4	4 7 10	15

Tab. 3.-3

Bis auf die dritte Arbeitsstation fällt an jeder Station eine Leerzeit an, so daß ein relativer Abstimmungsverlust von 0,0625 bzw. 6,25 % entsteht.

Dagegen tritt in dem betrachteten Beispiel überhaupt keine Leerzeit auf, wenn bei der simultanen Planung der Produktionsmenge und der Planung des Produktionsablaufs die Minimierung einer Zeitgröße wie z.B. des relativen Abstimmungsverlustes angestrebt wird. In diesem Fall werden die Arbeitselemente den Stationen wie folgt zugeordnet (vgl. Tabelle 3.-4):

Station	Arbeitselemente	Stationszeit
1	1 2 4	20
2	3 5 6 7	20
3	8 9 10	20

Tab. 3.-4

Für eine Taktzeit von 20 Sekunden werden pro Schicht 1400 Erzeugniseinheiten hergestellt, wodurch mit DM 1500,- ein um 9,09 % geringerer Gewinn als bei der gewinnmaximalen Lösung erzielt wird. Der gleiche Gewinn ergibt sich auch dann, wenn die Produktionsmenge bzw. die Taktzeit unabhängig von der Zuordnung der Arbeitselemente auf die Arbeitsstationen geplant wird. Liegt der Programmplanung die Zielsetzung der Maximierung des Überschusses der Erlöse über die variablen Kosten (Materialkosten) zugrunde, wird bei konstantem Absatzpreis und konstanten Materialstückkosten die aufgrund der Produktionskapazität und der Absatzgrenze maximal mögliche Menge X_o angestrebt. Diese Menge läßt sich innerhalb einer Schicht nur dann herstellen, wenn die Taktzeit

$$\frac{T}{X_o} = 14$$

Sekunden beträgt. Bei dieser Taktzeit müssen die Arbeitselemente auf 5 Arbeitsstationen verteilt werden (vgl. Tabelle 3.-5), so daß sich bei einem Überschuß der Erlöse über die

Station	Arbeitselemente	Stationszeit
1	1 3	11
2	2 4	13
3	5 7	11
4	6 8	13
5	9 10	12

Tab. 3.-5

Materialkosten von DM 6000,- und bei Personal- und/oder Maschinenkosten von DM 4500,- ein Gewinn von DM 1500,- ergibt. Der relative Abstimmungsverlust beträgt 14,29 %.

3.2.3. Exakte Verfahren zur Lösung der klassischen Fließbandabstimmungsprobleme

In den folgenden Abschnitten werden die wichtigsten klassischen Fließbandabstimmungsverfahren zur Minimierung der Zahl der Stationen bei vorgegebener Taktzeit nach den ihnen zugrunde liegenden Methoden der Unternehmensforschung zu Gruppen zusammengefaßt und auf ihre Eigenschaften, Gemeinsamkeiten und Unterschiede sowie auf ihre Eignung als Teilprogramm des kombinatorischen Verfahrens untersucht. Dabei wird ein Teil der Verfahren - insbesondere die heuristischen Methoden - derart modifiziert, daß sie bereits dann abgebrochen werden können, sobald zu erkennen ist, daß die gewünschte Zuordnung der Arbeitselemente auf $m_{\hat{\nu}}$ Stationen nicht realisierbar ist [1]. Darüber hinaus wird von Zonenbeschränkungen abgesehen, da die klassischen Verfahren bis auf wenige Ausnahmen diesen Restriktionstyp nicht berücksichtigen, obwohl sie ohne weiteres dazu in der Lage sind [2]. Zur Illustration einzelner Verfahren dient das klassische Fließbandabstimmungsproblem mit dem als Abbildung 2.-1 dargestellten Vorranggraphen und der vorgegebenen Taktzeit $\bar{c}$ = 20. Gegenstand der Untersuchungen sind zunächst die mit Sicherheit zu optimalen Lösungen führenden klassischen Verfahren, bei denen es sich um ganzzahlige lineare Programmierungsmodelle, ein auf der dynamischen Programmierung basierendes Verfahren, graphentheoretische Lösungsansätze und eine Reihe von Enumerationsverfahren handelt.

---

1) Andernfalls ist mit Hilfe des klassischen Verfahrens für die Taktzeit $c_{\hat{\nu}}$ die effektiv erforderliche Zahl der Stationen zu ermitteln und mit der theoretisch minimalen Zahl der Stationen $m_{\hat{\nu}}$ zu vergleichen. Bei dieser von ZÄPFEL (-1973-, S. 61) vorgeschlagenen Vorgehensweise wird das klassische Verfahren in vielen Fällen auch dann noch weitergeführt, wenn feststeht, daß für die Taktzeit $c_{\hat{\nu}}$ mindestens $m_{\hat{\nu}}$ + 1 Stationen erforderlich sind.

2) Vgl. IGNALL -1965-, S. 246.

3.2.3.1. Ganzzahlige lineare Programmierung

Die zur klassischen Fließbandabstimmung entwickelten ganzzahligen linearen Programmierungsmodelle weisen hinsichtlich der Variablendefinition und damit auch hinsichtlich der Variablenzahl sowie der Art und Zahl der zu beachtenden Nebenbedingungen zum Teil erhebliche Unterschiede auf. Nach der Struktur der die Zuteilung der Arbeitselemente auf die Arbeitsstationen zum Ausdruck bringenden Zuordnungsvariablen lassen sich die folgenden beiden Modellgruppen unterscheiden:

(1) Bei den zur ersten Modellgruppe zählenden Ansätzen von BOWMAN und WHITE [1] geben die Zuordnungsvariablen die Zuteilung jedes einzelnen Arbeitselementes zu den Arbeitsstationen wieder.

(2) Die Modelle der zweiten Gruppe, der die Ansätze von SALVESON, WEDEKIND und KLEIN [2] angehören, sind dagegen dadurch gekennzeichnet, daß die Zuordnungsvariablen Kombinationen von Arbeitselementen darstellen. Diese Kombinationen bestehen aus Arbeitselementen, die in einer hinsichtlich der Vorrangbedingungen zulässigen Reihenfolge ausgeführt werden können und deren Elementzeitsumme die vorgegebene Taktzeit nicht überschreitet.

Von den genannten Modellansätzen sollen im folgenden lediglich die Modelle von BOWMAN [3] sowie der Ansatz von WHITE hinsichtlich der Art und Anzahl der erforderlichen Variablen

---

1) BOWMAN -1960-; WHITE -1961-.

2) SALVESON -1955-; WEDEKIND -1963-; KLEIN -1963-.

3) BOWMAN (-1960-) stellt zwei Modellansätze zur klassischen Fließbandabstimmung vor. Während sein erster Ansatz dem ebenfalls von ihm entwickelten Modell zur Ablaufplanung bei Werkstattfertigung (vgl. BOWMAN -1959-, S. 621 ff.) ähnlich ist, baut sein zweiter Ansatz weitgehend auf dem Modell von MANNE (-1960-, S. 219 ff.) auf, das von allen existierenden ganzzahligen Modellen zur Ablaufplanung bei Werkstattfertigung den geringsten Modellumfang aufweist. Zur Ablaufplanung bei Werkstattfertigung mit Hilfe der ganzzahligen Programmierung vgl. besonders SEELBACH et al. -1975-, S. 40 ff.

und Nebenbedingungen verglichen werden, da die Modelle der Gruppe 2 mit einem wesentlich größeren Rechenaufwand als die der ersten Gruppe verbunden sind: Während der Formulierung und Lösung der Modelle von SALVESON und WEDEKIND eine vollständige Enumeration der hinsichtlich der Taktzeit und der Vorrangbedingungen zulässigen Kombinationen von Arbeitselementen [1] vorangehen muß, sind bei dem Ansatz von KLEIN zunächst sämtliche zulässigen Reihenfolgen aller Arbeitselemente zu enumerieren [2]. Unter einer zulässigen Reihenfolge aller Arbeitselemente wird dabei eine Anordnung aller I Arbeitselemente verstanden, die keine der Reihenfolgebedingungen verletzt. Daraufhin wird das Fließband für jede zulässige Reihenfolge aller Arbeitselemente abgestimmt und anschließend die Abstimmung mit der minimalen Gesamtleerzeit [3] gewählt. Zur Bestimmung der Zuordnung der Arbeitselemente auf die Arbeitsstationen für jede zulässige Reihenfolge aller Arbeitselemente kann darüber hinaus auf die Lösung des von KLEIN vorgeschlagenen Zuordnungsmodells verzichtet werden. Das Abstimmungsproblem kann vielmehr wesentlich einfacher gelöst werden, indem die Arbeitselemente unter Beachtung der Taktzeit in der jeweils vorgegebenen zulässigen Reihenfolge den Arbeitsstationen zugeteilt werden.

---

1) Vgl. SALVESON -1955-, S. 22; WEDEKIND -1963-, S. 248; DICK -1966-, S. 80; KERN -1967-, S. 149; HERBIG -1968-, S. 219; ADAM -1972-, S. 434.

2) Vgl. KLEIN -1963-, S. 281; PROFFEN -1964-, S. 141; HAHN-LUTZ-ROSCHMANN -1968-, S. 92.

3) Während die Modelle der Gruppe 1 eine Minimierung der Zahl der Stationen bei vorgegebener Taktzeit anstreben, liegt den Ansätzen der Gruppe 2 die Zielsetzung der Minimierung der Gesamtleerzeit bei vorgegebener Taktzeit zugrunde. Beide Zielsetzungen führen zu den gleichen Entscheidungen, da bei konstanter Gesamtbearbeitungszeit die Gesamtleerzeit bzw. der absolute Abstimmungsverlust (2.17) für eine vorgegebene Taktzeit dann ein Minimum erreicht, wenn die Zahl der Stationen möglichst klein ist (vgl. Abschnitt 2.3.1.).

Den Ansätzen der Gruppe 1 ist gemeinsam, daß zunächst mit Hilfe eines einfachen Näherungsverfahrens eine Obergrenze für die Zahl der Stationen (J) ermittelt wird. Ein solches Näherungsverfahren kann beispielsweise darin bestehen, den Stationen nur jeweils ein Arbeitselement zuzuordnen, wodurch die Obergrenze mit der Anzahl der Arbeitselemente I übereinstimmt. Da jedoch die Höchstzahl der Stationen den Modellumfang - gemessen an der erforderlichen Zahl der Variablen und Nebenbedingungen - und damit auch den Rechenaufwand bestimmt, empfiehlt es sich, die Obergrenze mit Hilfe eines der in Abschnitt 3.2.4. dargestellten Verfahren zu bestimmen. Hierdurch wird erreicht, daß die Obergrenze der theoretisch minimalen Zahl der Stationen für die vorgegebene Taktzeit $\bar{c}$ [1],

$$(3.19) \qquad \bar{m} = \max \left\{ \left[\frac{\sum_{i=1}^{I} t_i}{\bar{c}} \right]^+ , \; I_1 + \left[\frac{I_2}{2} \right]^+ \right\} ,$$

sehr nahe kommt, in vielen Fällen sogar mit ihr übereinstimmt. Im letzten Fall erübrigt sich die Lösung eines ganzzahligen linearen Modells, da die optimale Zuordnung der Arbeitselemente auf die theoretisch minimale Zahl von $\bar{m}$ Arbeitsstationen bereits gefunden ist. Für $J > \bar{m}$ ist dagegen ein ganzzahliges lineares Modell zu lösen, das nur möglichst wenigen der J Arbeitsstationen Arbeitselemente zuordnet und auf diese Weise zu einer Abstimmung des Fließbandes mit einer minimalen Stationenzahl führt.

In den Modellen von BOWMAN sowie im Ansatz von WHITE ist über die Zuteilung jedes der I Arbeitselemente zu einer der J Stationen zu entscheiden [2]. Dementsprechend definiert BOWMAN [3] im ersten Modell die $I \cdot J$ Zuordnungsvariablen:

---

1) Vgl. die theoretisch minimale Zahl der Stationen für die Taktzeituntergrenze c_u, (3.17).

2) BOWMAN und WHITE formulieren ihre Modelle nicht allgemein, sondern für I = 8 Arbeitselemente und J = 7 Arbeitsstationen.

3) BOWMAN -1960-, S. 386 f.

$$x^*_{ij} = \begin{cases} 0, \text{ wenn das Arbeitselement } i \text{ der} \\ \quad \text{Station } j \text{ zugeordnet wird,} \\ 1, \text{ sonst} \end{cases} \qquad \begin{matrix}(i=1,\ldots,I)\\(j=1,\ldots,J).\end{matrix}$$

Darüber hinaus verwendet BOWMAN in diesem Modellansatz mit

y_{ij}: Zeit, die die Station j für die Ausführung des Arbeitselementes i aufwendet $(i=1,\ldots,I)$ $(j=1,\ldots,J)$

weitere I • J Variable, die den zeitlichen Ablauf der Ausführung aller I Arbeitselemente an den J Stationen festlegen. Auf diese Variablen kann jedoch verzichtet werden, da sie nur die Werte t_i oder 0 annehmen können, je nachdem, ob das Arbeitselement i der Station j zugeordnet wird oder nicht, d.h. zwischen den Variablen y_{ij} und x^*_{ij} besteht der folgende Zusammenhang:

(3.20) $$y_{ij} = t_i\,(1 - x^*_{ij}) \qquad \begin{matrix}(i=1,\ldots,I)\\(j=1,\ldots,J).\end{matrix}$$

Damit kann in BOWMANs erstem Modell die Variable y_{ij} durch die rechte Seite der Gleichung (3.20) ersetzt werden, wodurch sich die Zahl der Variablen und Nebenbedingungen um jeweils I • J verringert. Die sich auf diese Weise ergebende verbesserte Formulierung des Modells von BOWMAN stimmt - abgesehen von den Zuordnungsvariablen - mit dem Modellansatz von WHITE überein, der die bereits in Abschnitt 3.1.1.1. eingeführten Zuordnungsvariablen [1)]

$$x_{ij} = \begin{cases} 1, \text{ wenn das Arbeitselement } i \text{ der} \\ \quad \text{Station } j \text{ zugeteilt wird,} \\ 0, \text{ sonst} \end{cases} \qquad \begin{matrix}(i=1,\ldots,I)\\(j=1,\ldots,J)\end{matrix}$$

definiert, deren Zahl ebenfalls I • J beträgt und für die die Beziehungen

1) Vgl. WHITE -1961-, S. 275.

$$x_{ij} = 1 - x^{*}_{ij} \qquad \begin{matrix}(i=1,...,I)\\(j=1,...,J)\end{matrix}$$

gelten. Da dieser Modellansatz ebenso wie die modifizierte Version des ersten Modells von BOWMAN jeweils I • J Variablen und Nebenbedingungen weniger benötigt als das ursprüngliche erste Modell von BOWMAN, beschränkt sich die weitere Untersuchung auf den Ansatz von WHITE und das zweite Modell von BOWMAN.

In BOWMANs zweitem Modellansatz [1] wird die Zuordnung der Arbeitselemente auf die Arbeitsstationen mit Hilfe der I ganzzahligen Variablen

d_i: Arbeitsstation, an der das Arbeitselement i ausgeführt wird $\qquad (i=1,...,I)$

bestimmt. Werden beim in Abbildung 2.-1 dargestellten Fließbandabstimmungsproblem beispielsweise die Arbeitselemente 1, 2 und 4 der ersten Arbeitsstation zugeordnet, die Arbeitselemente 3, 5, 6 und 7 an der zweiten Station ausgeführt und die restlichen Arbeitselemente der dritten Arbeitsstation zugewiesen, nehmen die Variablen d_i (i=1,...,10) die folgenden Werte an:

$$\begin{aligned} d_1 &= d_2 = d_4 = 1 \\ d_3 &= d_5 = d_6 = d_7 = 2 \\ d_8 &= d_9 = d_{10} = 3, \end{aligned}$$

während für die Zuordnungsvariablen x_{ij} bei WHITE gilt:

$$x_{11} = x_{21} = x_{32} = x_{41} = x_{52} = x_{62} = x_{72} = x_{83} = 1$$
$$x_{93} = x_{10,3} = 1$$

und alle anderen $x_{ij} = 0$.

1) Vgl. BOWMAN -1960-, S. 387 ff.

Außer den Zuordnungsvariablen verwendet BOWMAN in seinem zweiten Modell weitere Variable, die die zeitliche Struktur der Abstimmung festlegen. Die Variablen d_i geben zwar die Zuordnung der Arbeitselemente auf die Arbeitsstationen, nicht aber den Zeitpunkt des Beginns der Arbeitselemente wieder. Folglich definiert BOWMAN für jedes Arbeitselement i die Variable

b_i: Beginn der Ausführung (Startzeitpunkt) des Arbeitselementes i $\quad (i=1,...,I)$,

mit deren Hilfe gleichzeitig die zwischen den Arbeitselementen bestehenden direkten Reihenfolgebeziehungen berücksichtigt werden.

Festzulegen ist weiterhin die Reihenfolge aller derjenigen Arbeitselemente, zwischen denen keine Vorrangbedingungen bestehen. Dazu definiert BOWMAN bei insgesamt Q Paaren solcher Arbeitselemente die gleiche Zahl der Binärvariablen:

$$u_{ik} = \begin{cases} 1, & \text{wenn Arbeitselement i vor Arbeitselement k ausgeführt wird,} \\ 0, & \text{sonst} \end{cases} \qquad \begin{array}{l}(i,k=1,...,I) \\ i \neq k.\end{array}$$

Im Fall $u_{ik} = 1$ können beliebig viele Arbeitselemente zwischen den Arbeitselementen i und k ausgeführt werden, d.h. Arbeitselement k muß nicht unmittelbar nach Arbeitselement i ausgeführt werden.

Schließlich gibt die Variable D^*, für die BOWMAN ebenso wie für die Startzeitpunkte der Arbeitselemente keine ganzzahligen Werte fordert, den Fertigstellungszeitpunkt des Arbeitselementes an, das in der Reihenfolge aller Arbeitselemente an letzter Stelle steht.

Da die Variablen der Modelle von BOWMAN und WHITE erheblich voneinander abweichen, ergeben sich zwangsläufig auch unterschiedliche Formulierungen der Nebenbedingungen, bei denen es sich - von einer Ausnahme abgesehen - um Zuordnungs-, Reihenfolge- und Taktzeitrestriktionen handelt [1].

(1) Die Zuordnungsbedingungen gewährleisten, daß sämtliche Arbeitselemente ausgeführt werden und jedes Arbeitselement genau einer Arbeitsstation zugewiesen wird. Beide Forderungen werden im Modellansatz von WHITE durch die I Bedingungen [2]

$$\sum_{j=1}^{J} x_{ij} = 1 \qquad (i=1,...,I) \tag{3.21}$$

erfüllt.

In seinem zweiten Modellansatz verteilt BOWMAN die Arbeitselemente auf die theoretisch maximale Durchlaufzeit einer Erzeugniseinheit

$$D_{max} = J \cdot \bar{c}.$$

Wird dabei das Arbeitselement i im Zeitintervall $\left[(j - 1)\,\bar{c},\ j \cdot \bar{c}\right]$ ausgeführt, nimmt die betreffende Zuordnungsvariable d_i den Wert j an, d.h. das Arbeitselement i wird der Station j (j=1,...,J) zugeordnet. Diesen Zusammenhang bringen die jeweils I Bedingungen [3]

$$b_i + t_i \leqq d_i \cdot \bar{c} \qquad (i=1,...,I) \tag{3.22a}$$

und

$$b_i \geqq (d_i - 1)\,\bar{c} \qquad (i=1,...,I) \tag{3.22b}$$

---

1) Die für alle Variablen geltenden Nichtnegativitäts- und Ganzzahligkeitsbedingungen werden nicht aufgeführt.

2) Vgl. WHITE -1961-, S. 275.

3) Vgl. BOWMAN -1960-, S. 388.

zum Ausdruck. Diese Bedingungen verhindern zugleich ein Überschreiten der Taktzeit, so daß eine explizite Formulierung besonderer Taktzeitbedingungen nicht erforderlich ist.

(2) Neben den dargestellten Zuordnungsbedingungen sind für beide betrachteten Modellansätze Reihenfolgebedingungen zu formulieren, die die zwischen den Arbeitselementen bestehenden direkten Reihenfolgebeziehungen berücksichtigen. Im Modell von WHITE gewährleisten die Bedingungen

$$(3.23) \qquad x_{kj} \leq \sum_{j^*=1}^{j} x_{ij^*} \qquad \begin{array}{l}(i=1,...,I)\\(j=1,...,J-1)\\(k \in \Gamma_i^d),\end{array}$$

daß das Arbeitselement $k \in \Gamma_i^d$ erst dann der Station j zugeordnet werden kann, wenn sein direkter Vorgänger, das Arbeitselement i, einer der Stationen $j^* \in \{1,...,j\}$ zugeteilt ist. Da für j = J die rechte Seite der Bedingungen (3.23) aufgrund der Zuordnungsbedingungen (3.21) den Wert 1 annimmt, sind für jede direkte Reihenfolgebeziehung J - 1 Reihenfolgerestriktionen zu formulieren [1].

Während bei R direkten Reihenfolgebeziehungen, d.h. R gerichteten Kanten im Vorranggraphen, für das Modell von WHITE R(J - 1) Reihenfolgerestriktionen (3.23) erforderlich sind, reichen im zweiten Ansatz von BOWMAN die R Bedingungen [2]

$$b_i + t_i \leq b_k \qquad \begin{array}{l}(i=1,...,I)\\(k \in \Gamma_i^d)\end{array}$$

zur vollständigen Berücksichtigung der Reihenfolgebeziehungen aus. Diese Bedingungen gewährleisten, daß der Startzeitpunkt des Arbeitselementes $k \in \Gamma_i^d$ mindestens t_i Zeiteinheiten später als der Beginn seines direkten Vorgängers, des Arbeitselementes i, liegt.

---

1) WHITE (-1961-, S. 276) formuliert dagegen für jede direkte Reihenfolgebeziehung J Restriktionen.

2) Vgl. BOWMAN -1960-, S. 387.

Zusätzlich zu den oben angegebenen Bedingungen ist im zweiten Modell von BOWMAN eine weitere Gruppe von Reihenfolgebedingungen zu beachten, die die Reihenfolge für alle diejenigen Paare von Arbeitselementen festlegt, zwischen denen keine Vorrangbedingungen bestehen. Wenn Arbeitselement i vor Arbeitselement k ausgeführt werden soll, muß die Bedingung

$$b_i + t_i \leqq b_k$$

gelten. Soll dagegen Arbeitselement k vor Arbeitselement i ausgeführt werden, muß die Bedingung

$$b_k + t_k \leqq b_i$$

berücksichtigt werden. Da aber die Reihenfolge der Arbeitselemente i und k nicht vorgegeben, sondern Entscheidungsparameter ist, müssen beide Möglichkeiten offengehalten werden. Dies läßt sich mit Hilfe der Binärvariablen u_{ik} und einer hinreichend großen Konstanten C erreichen, so daß die weiteren Reihenfolgebedingungen das folgende Aussehen haben [1]:

$$b_i + t_i \leqq b_k + C\,(1 - u_{ik}) \qquad (i,k=1,\ldots,I) \quad i \neq k$$

und

$$b_k + t_k \leqq b_i + C \cdot u_{ik} \qquad (i,k=1,\ldots,I) \quad i \neq k.$$

Für Q Paare von Arbeitselementen, zwischen denen keine Reihenfolgebeziehungen existieren, ist die Anzahl dieser Nebenbedingungen gleich der doppelten Anzahl der Variablen u_{ik}, d.h. gleich 2 • Q. Bestehen zwischen den I Arbeitselementen überhaupt keine Reihenfolgebeziehungen, ist Q gleich I(I - 1)/2, so daß die maximale Anzahl der Reihenfolgebedingungen I(I - 1) beträgt.

---

1) BOWMAN (-1960-, S. 388) wählt anstatt der Konstanten C die Koeffizienten $D_{max} + t_i$ bzw. $D_{max} + t_k$.

(3) Die Taktzeitbedingungen stellen schließlich sicher, daß die Stationszeit die vorgegebene Taktzeit $\bar{c}$ nicht überschreitet. Für das Modell von WHITE lauten die J Taktzeitrestriktionen somit [1]:

$$\sum_{i=1}^{I} t_i \cdot x_{ij} \leq \bar{c} \qquad (j=1,\ldots,J), \tag{3.24}$$

während im zweiten Modell von BOWMAN Taktzeitüberschreitungen bereits durch die Zuordnungsbedingungen (3.22a) und (3.22b) ausgeschlossen sind.

Ebenso wie die Nebenbedingungen weisen auch die Zielfunktionen der Modelle von BOWMAN und WHITE erhebliche Unterschiede auf. Die einfachste Formulierung der Zielfunktion findet sich im zweiten Modell von BOWMAN. Hier bewirkt die Zielfunktion [2]

$$D^* \rightarrow \min!, \tag{3.25}$$

daß der Fertigstellungszeitpunkt des zuletzt bearbeiteten Arbeitselementes so früh wie möglich liegt. Dadurch werden die Arbeitselemente den ersten Teilperioden der theoretisch maximalen Durchlaufzeit zugeordnet und damit auf die minimale Stationenzahl verteilt. Die Zielfunktion (3.25) ist unter Beachtung der oben formulierten Restriktionen dieses Modells sowie der zusätzlichen Nebenbedingungen [3]

$$b_i + t_i \leq D^* \qquad (i \in M_o)$$

zu minimieren, wobei M_o die Menge der Arbeitselemente, die keine Nachfolger besitzen, bezeichnet. Die Anzahl dieser Nebenbedingungen ist gleich der Anzahl der Arbeitselemente ohne Nachfolger und damit der Mächtigkeit $|M_o|$ der Menge M_o,

1) Vgl. WHITE -1961-, S. 275.

2) Vgl. BOWMAN -1960-, S. 389.

3) Vgl. BOWMAN -1960-, S. 389.

da das in der Reihenfolge aller Arbeitselemente an letzter Stelle stehende Arbeitselement kein Datum, sondern Ergebnis der Planung ist.

Ohne daß zusätzliche Variablen und Nebenbedingungen erforderlich werden, erlaubt die Zielfunktion des Modells von WHITE eine Minimierung der Zahl der Stationen bei vorgegebener Taktzeit, indem die Bearbeitungszeiten der Arbeitselemente ohne Nachfolger für die gegebenenfalls benötigten Arbeitsstationen $j \in \{\bar{m} + 1,\ldots,J\}$ mit steigenden Gewichtungsfaktoren g_j bewertet werden. Dadurch wird gewährleistet, daß die Arbeitselemente ohne direkte Nachfolger und damit alle Arbeitselemente der geringsten Zahl der Stationen zugeordnet werden. Die Zielfunktion des Modells von WHITE lautet somit:

$$z = \sum_{j=\bar{m}+1}^{J} g_j \left(\sum_{i \varepsilon M_o} t_i \cdot x_{ij} \right) \rightarrow \min!,$$

wobei für die Gewichtungsfaktoren die folgenden notwendigen, aber nicht hinreichenden Bedingungen

$$g_{j+1} > g_j \qquad (j=\bar{m}+1,\ldots,J-1)$$

$$\text{mit} \quad g_{\bar{m}+1} > 0$$

gelten. Diese Bedingungen schließen jedoch nicht aus, daß bei einer minimalen Stationenzahl von N_{min} ($N_{min} > \bar{m}$) beispielsweise den Stationen $1,\ldots,N_{min} - 1$ und der Station $N_{min} + 1$ Arbeitselemente zugeordnet werden. Um ein solches unzulässiges Überspringen der Station N_{min} zu verhindern, sind die Gewichtungsfaktoren derart zu wählen, daß sich bereits dann, wenn der Station $N_{min} + 1$ nur eine Zeiteinheit zugewiesen wird, ein höherer Zielfunktionswert ergibt als wenn der Station N_{min} alle Arbeitselemente ohne direkte Nachfolger zugeordnet werden. Damit gelten als notwendige und hinreichende

Bedingungen für die Gewichtungsfaktoren [1]:

$$g_{j+1} > \left(\sum_{i \in M_o} t_i \right) g_j \qquad (j=\bar{m}+1,\dots,J-1)$$

oder

$$g_{j+1} = \left(\sum_{i \in M_o} t_i + 1 \right) g_j \qquad (j=\bar{m}+1,\dots,J-1).$$

Mit $g_{\bar{m}+1} = 1$ erhält man die exponentiell wachsenden Gewichtungsfaktoren

$$g_j = \left(\sum_{i \in M_o} t_i + 1 \right)^{j-\bar{m}-1} \qquad (j=\bar{m}+1,\dots,J),$$

so daß die endgültige Zielfunktion des Modells von WHITE das folgende Aussehen hat [2]:

$$z = \sum_{j=\bar{m}+1}^{J} \left(\sum_{i \in M_o} t_i + 1 \right)^{j-\bar{m}-1} \left(\sum_{i \in M_o} t_i \cdot x_{ij} \right) \rightarrow \min!.$$

Die Zielfunktion des Modells von WHITE kann wesentlich vereinfacht werden, wenn außer den Zuordnungsvariablen x_{ij} weitere Binärvariable verwendet werden, mit deren Hilfe unmittelbar entschieden werden kann, ob über die theoretisch minimale Zahl von $\bar{m}$ Stationen hinaus weitere Arbeitsstationen einzurichten sind. Dieses läßt sich entweder mit den bereits in Abschnitt 3.1.1.1. eingeführten Stationsvariablen [3]

$$s_j = \begin{cases} 1, & \text{wenn der Station } j \text{ Arbeitselemente zugewiesen werden,} \\ 0, & \text{sonst} \end{cases} \qquad (j=\bar{m}+1,\dots,J)$$

1) Vgl. BOWMAN -1960-, S. 387. Die bei HADLEY (-1964-, S. 293) angegebenen Gewichtungsfaktoren verhindern dagegen ein Überspringen von Stationen nicht.

2) Vgl. WHITE -1961-, S. 276; THANGAVELU -1969-, S. 14; THANGAVELU-SHETTY -1971-, S. 62.

3) Vgl. auch PLANE-MC MILLAN (-1971-, S. 27), die allerdings die Variablen für sämtliche J Stationen definieren.

oder mit den Binärvariablen [1]

$$s_j^* = \begin{cases} 0, & \text{wenn der Station } j \text{ Arbeitselemente zugeordnet werden,} \\ 1, & \text{sonst} \end{cases} \qquad (j=\bar{m}+1,\ldots,J)$$

erreichen, zwischen denen der folgende Zusammenhang besteht:

$$(3.26) \qquad s_j^* = 1 - s_j \qquad (j=\bar{m}+1,\ldots,J).$$

Mit Hilfe dieser $J - \bar{m}$ zusätzlichen Variablen läßt sich die Zielfunktion des Ansatzes von WHITE wie folgt formulieren [2]:

$$z = \sum_{j=\bar{m}+1}^{J} s_j \rightarrow \min!$$

bzw.

$$z = \sum_{j=\bar{m}+1}^{J} s_j^* \rightarrow \max!.$$

Beide Zielfunktionen sind aufgrund der zwischen den Variablen bestehenden Beziehung (3.26) identisch und stimmen mit der Zielfunktion (3.3) des ganzzahligen nichtlinearen Modellansatzes zur interdependenten Fließbandabstimmung überein, wenn für die Personal- und/oder Maschinenkosten jeweils der gleiche Wert gewählt und die Taktzeit vorgegeben wird. Soll auch bei dieser Modellformulierung ein Überspringen von Stationen verhindert werden, können analog zu den Bedingungen (3.8) die $J - \bar{m} - 1$ zusätzlichen Restriktionen

$$s_{j+1} \leqq s_j \qquad (j=\bar{m}+1,\ldots,J-1)$$

---

1) Vgl. auch HADLEY (-1964-, S. 292), der ebenso wie PLANE und MC MILLAN J Variablen dieser Art verwendet.

2) Vgl. PLANE-MC MILLAN (-1971-, S. 28) und HADLEY (-1964-, S. 292), die allerdings die Variablen s_j und s_j^* für sämtliche J Stationen definieren.

bzw.

$$s^*_{j+1} \geqq s^*_j \qquad (j=\bar{m}+1,\ldots,J-1)$$

eingeführt werden. Günstiger im Hinblick auf den Modellumfang ist es jedoch, den Stationen $j \in \{\bar{m}+1,\ldots,J\}$ wiederum steigende - nicht notwendig exponentiell wachsende - Gewichtungsfaktoren zuzuordnen, so daß die Zielfunktionen beispielsweise das folgende Aussehen haben:

$$z = \sum_{j=\bar{m}+1}^{J} j \cdot s_j \rightarrow \text{min!}$$

bzw.

$$z = \sum_{j=\bar{m}+1}^{J} j \cdot s^*_j \rightarrow \text{max!}.$$

Zur Verknüpfung der Stationsvariablen mit den Zuordnungsvariablen x_{ij} müssen entweder zusätzliche Nebenbedingungen analog zu den Restriktionen (3.5d) formuliert [1] oder die Taktzeitbedingungen (3.24) modifiziert werden. Für die zweite Möglichkeit, die wegen der geringeren Zahl der Nebenbedingungen vorzuziehen ist, lauten die Taktzeitbedingungen, wenn die Binärvariable s_j gewählt wird:

$$\sum_{i=1}^{I} t_i \cdot x_{ij} \leqq \bar{c} \qquad (j=1,\ldots,\bar{m})$$

und

$$\sum_{i=1}^{I} t_i \cdot x_{ij} \leqq \bar{c} \cdot s_j \qquad (j=\bar{m}+1,\ldots,J).$$

1) Vgl. PLANE-MC MILLAN -1971-, S. 30; HADLEY -1964-, S. 292.

Während die vereinfachte Formulierung der Zielfunktion des Modells von WHITE auf jeden Fall eine höhere Variablenzahl und gegebenenfalls auch mehr Nebenbedingungen als das ursprüngliche WHITE-Modell erfordert, hat THANGAVELU das Modell von WHITE derart weiterentwickelt, daß seine Version mit beträchtlich weniger Variablen und Nebenbedingungen als das ursprüngliche Modell von WHITE auskommt. Zunächst werden die Reihenfolgebedingungen (3.23) in der Weise modifiziert, daß für jede der R direkten Reihenfolgebeziehungen anstatt J - 1 Restriktionen nur noch eine Nebenbedingung der Form [1]

$$\sum_{j=1}^{J} (\beta_{ij} \cdot x_{ij} - \beta_{kj} \cdot x_{kj}) \leqq 0 \qquad (i=1,...,I) \quad (k \in \Gamma_i^d)$$

erforderlich ist. Hierbei gilt für die nichtnegativen Koeffizienten der Zuordnungsvariablen:

$$\beta_{ij} \leqq \beta_{kj} \qquad (i=1,...,I) \quad (j=1,...,J) \quad (k \in \Gamma_i^d)$$

und

$$\beta_{kj} < \beta_{i,j+1} \qquad (i=1,...,I) \quad (j=1,...,J-1) \quad (k \in \Gamma_i^d).$$

Für den Spezialfall

$$\beta_{ij} = \beta_{kj} = j \qquad (i=1,...,I) \quad (j=1,...,J) \quad (k \in \Gamma_i^d)$$

vereinfachen sich die Reihenfolgebedingungen analog zu den Restriktionen (3.6) zu [2]:

---

1) Vgl. THANGAVELU -1969-, S. 15; THANGAVELU-SHETTY -1971-, S. 62.

2) Vgl. DEUTSCH -1971-, S. 71; ZÄPFEL -1973-, S. 40.

$$\sum_{j=1}^{J} j\,(x_{ij} - x_{kj}) \leq 0 \qquad (i=1,\ldots,I) \quad (k \in \Gamma_i^d).$$

Aufgrund dieser Verbesserung verringert sich die Zahl der Nebenbedingungen von J (R + 1) + I - R auf I + R + J, so daß für das in Abbildung 2.-1 dargestellte Fließbandabstimmungsproblem mit I = 10, R = 12 und J = 4 [1] nunmehr anstatt 50 nur noch 26 Restriktionen zu beachten sind. Werden darüber hinaus die bereits in Abschnitt 3.1.1.4. dargestellten Vereinfachungen - die Begrenzung des Definitionsbereiches der Variablen sowie die Eliminierung jeweils einer Variablen aus den Zuordnungsbedingungen [2] - einbezogen, läßt sich auch die Zahl der Variablen wesentlich reduzieren. Bezeichnet f_i^* bzw. h_i^* die Arbeitsstation, der das Arbeitselement i bei der klassischen Fließbandabstimmung frühestens (spätestens) zugeteilt werden kann (muß), beträgt die Zahl der Variablen nur noch:

$$\sum_{i=1}^{I} (h_i^* - f_i^*)$$

$$\text{mit} \quad f_i^* = \left[\frac{t_i + \sum_{k \in \Lambda_i} t_k}{\bar{c}}\right]^+ \qquad (i=1,\ldots,I)$$

$$\text{und} \quad h_i^* = J + 1 - \left[\frac{t_i + \sum_{k \in \Gamma_i} t_k}{\bar{c}}\right]^+ \qquad (i=1,\ldots,I),$$

so daß für das betrachtete Fließbandabstimmungsproblem anstatt 40 nur noch 19 Variablen erforderlich sind.

1) Eine Näherungslösung mit 4 Stationen erhält man, wenn für die Taktzeit $\bar{c}$ = 20 die Arbeitselemente den Stationen in der Reihenfolge aufsteigender Elementnummern zugeteilt werden.

2) Vgl. THANGAVELU -1969-, S. 14 ff.; THANGAVELU-SHETTY -1971-, S. 62; DEUTSCH -1971-, S. 71 f.

Die Tabelle 3.-6 zeigt die im modifizierten Modell von WHITE und im zweiten Ansatz von BOWMAN erforderliche Anzahl der Variablen und Nebenbedingungen.

Ansatz	Zahl der Binärvariablen	Zahl der sonstigen Variablen	Zahl der Nebenbedingungen
BOWMAN	Q	$2 \cdot I + 1$	$2(I + Q) + R + \lvert M_o \rvert$
WHITE (Modifikation)	$\sum_{i=1}^{I} (h_i^* - f_i^*)$	-	$I + R + J$

Tab. 3.-6

Aus der Gegenüberstellung geht hervor, daß die Zahl der Nebenbedingungen für das modifizierte Modell von WHITE wesentlich geringer als für das Modell von BOWMAN ist, da die Bedingung

$$J < I + 2 \cdot Q + \lvert M_o \rvert$$

aufgrund der Ungleichung $J \leq I$ stets erfüllt ist. Darüber hinaus ist bei den meisten Fließbandabstimmungsproblemen die Anzahl Q aller Paare von Arbeitselementen, zwischen denen keine Reihenfolgebeziehungen bestehen, derart hoch, daß für das weiterentwickelte Modell von WHITE auch weniger Variablen als für das zweite Modell von BOWMAN benötigt werden [1)]. Dies gilt um so mehr, je näher die Obergrenze J an der theoretisch minimalen Zahl der Stationen liegt. Für das betrachtete Fließbandabstimmungsproblem mit $Q = 17$ und $\lvert M_o \rvert = 2$ sind für das zweite Modell von BOWMAN 38 Variablen - davon 17 Binärvariable - und 68 Nebenbedingungen erforderlich, während die Zahl der Variablen und Nebenbedingungen für das verbesserte Modell von WHITE lediglich 19 bzw. 26 beträgt.

---

1) Vgl. THANGAVELU -1969-, S. 20.

3.2.3.2. Dynamische Programmierung

Bei dem auf der dynamischen Programmierung [1] basierenden Verfahren von HELD, KARP und SHARESHIAN [2] wird das klassische Fließbandabstimmungsproblem als ein mehrstufiges Entscheidungsproblem interpretiert, bei dem auf jeder der I Stufen des Entscheidungsprozesses bestimmt wird, in welcher Reihenfolge die i (i=1,...,I) Arbeitselemente einer zulässigen Teilmenge auszuführen sind. Unter einer zulässigen Teilmenge S wird dabei eine Teilmenge der Menge aller Arbeitselemente $W = \{1,2,...,I\}$ verstanden, deren Arbeitselemente in einer beliebigen, hinsichtlich der Vorrangbedingungen zulässigen Reihenfolge ohne Rücksicht auf die Taktzeit ausgeführt werden können, ohne daß vor oder zwischen den Arbeitselementen weitere Bearbeitungen vorgenommen werden müssen. Die Reihenfolgen, in denen die Arbeitselemente der zulässigen Teilmengen ausgeführt werden können, werden als zulässige Teilfolgen F von Arbeitselementen bezeichnet, wenn deren Arbeitselemente in der angegebenen Reihenfolge ausgeführt werden können, ohne daß vor oder zwischen den Arbeitselementen weitere Arbeiten verrichtet werden müssen. Für das betrachtete Fließbandabstimmungsproblem existieren beispielsweise für die zulässige Teilmenge {1,2,3,4} die zulässigen Teilfolgen (1-2-3-4), (1-2-4-3) und (1-3-2-4).

Jeder zulässigen Teilfolge F wird die Zeit

$$\zeta(F) = (j_o - 1)\,\bar{c} + \tau_{j_o}$$

zugeordnet, die unter Berücksichtigung der Taktzeit für die Bearbeitung der in F enthaltenen Arbeitselemente erforderlich ist, wobei j_o die Anzahl der erforderlichen Stationen und

---

1) Zur dynamischen Programmierung vgl. u.a. BELLMAN -1957-; ZSCHOCKE -1964-; HADLEY -1964-; NEMHAUSER -1969-; NEUMANN -1969-; SCHNEEWEIß -1974-.

2) HELD-KARP-SHARESHIAN -1963-; vgl. auch HELD-KARP -1962-; HELD-KARP -1965-.

τ_{j_o} die Stationszeit der Station j_o angibt. Wird die Teilfolge F^* gebildet, indem der Teilfolge F das Arbeitselement i - am Ende - hinzugefügt wird, erhält man für $\zeta(F^*)$:

$$\zeta(F^*) = \zeta(F) + \Delta\left[\zeta(F),\ t_i\right],$$

wobei $\Delta\left[\zeta(F),\ t_i\right]$ in folgender Weise von der Leerzeit $l_{j_o} = \bar{c} - \tau_{j_o}$ der Station j_o abhängt [1]:

$$\Delta\left[\zeta(F),\ t_i\right] = \begin{cases} t_i, \text{ wenn } t_i \leqq \bar{c} - \tau_{j_o}, \\ \\ \bar{c} - \tau_{j_o} + t_i, \text{ wenn } t_i > \bar{c} - \tau_{j_o}. \end{cases}$$

Besteht die zulässige Teilmenge S nur aus einem Arbeitselement λ, erhält man für die zur Verrichtung dieser Teilmenge erforderliche Zeit $\zeta^*(S)$:

$$\zeta^*(S) = t_\lambda.$$

Sind in der zulässigen Teilmenge dagegen mehrere Arbeitselemente enthalten, können diese - abgesehen davon, daß die Vorrangbedingungen nur eine Reihenfolge zulassen - in unterschiedlichen Teilfolgen verrichtet werden. Optimal ist die Teilfolge, die von allen Teilfolgen, die aus den Arbeitselementen der zulässigen Teilmenge gebildet werden können, die geringste Zeit $\zeta(F)$ aufweist. Diese minimale Zeitgröße stellt dann die Zeit $\zeta^*(S)$ der Teilmenge S dar und kann mit Hilfe der Rekursionsgleichung (3.27) berechnet werden, in der die zulässige Teilmenge $S \setminus \{i\}$ durch Streichen des Arbeitselementes i aus der Teilmenge S entsteht [2]:

---

1) Vgl. HELD-KARP -1965-, S. 141.

2) Vgl. HELD-KARP -1962-, S. 200; HELD-KARP-SHARESHIAN -1963-, S. 445; HELD-KARP -1965-, S. 141.

$$(3.27) \qquad \zeta^*(S) = \min_{i \in S} \left\{ \zeta^*(S \setminus \{i\}) + \Delta\left[\zeta^*(S \setminus \{i\}),\ t_i\right] \right\} .$$

Mit Hilfe dieser Rekursionsgleichung lassen sich die Zeiten der aus i_o ($2 \leq i_o \leq I$) Arbeitselementen bestehenden Teilmengen sequentiell aus den Zeiten der Teilmengen mit $i_o - 1$ Arbeitselementen bestimmen, bis die Zeit $\zeta^*(\{1,2,...,I\})$ der Menge aller Arbeitselemente bekannt ist. So erhält man beispielsweise für die Zeit der zulässigen Teilmenge {1,2,3,4} bei der Taktzeit $\bar{c} = 20$:

$$\zeta^*(\{1,2,3,4\}) = \min \left\{ \begin{array}{l} \zeta^*(\{1,2,3\}) + \Delta\left[\zeta^*(\{1,2,3\}),\ t_4\right]; \\ \zeta^*(\{1,2,4\}) + \Delta\left[\zeta^*(\{1,2,4\}),\ t_3\right] \end{array} \right\}$$

$$= \min \{19 + 6;\ 20 + 4\} = 24.$$

Optimale Teilfolge der Teilmenge {1,2,3,4} ist die Teilfolge (1-2-4-3).

In der Tabelle 3.-7 sind die sich für das betrachtete Fließbandabstimmungsproblem ergebenden zulässigen Teilmengen und deren Zeiten $\zeta^*(S)$ angegeben. Außerdem ist der Tabelle für jede zulässige Teilmenge S die zugehörige optimale Teilmenge $S \setminus \{i\}$ zu entnehmen. Mit ihrer Hilfe läßt sich rekursiv die optimale Reihenfolge aller Arbeitselemente sowie deren Zuordnung zu den Arbeitsstationen bestimmen, indem zunächst - ausgehend von der Menge aller Arbeitselemente W - das Arbeitselement gewählt wird, um das sich die Menge W von deren optimalen Teilmenge $S \setminus \{i\}$ unterscheidet. Für diese Teilmenge und alle weiteren gewählten Teilmengen wird dieses Verfahren so lange wiederholt, bis die optimale Reihenfolge aller Arbeitselemente bestimmt ist. Die gewählten Arbeitselemente sind in der letzten Spalte der Tabelle 3.-7 angegeben. Da einzelne Teilmengen zwei optimale Teilmengen $S \setminus \{i\}$ aufwei-

Stufe	Nummer der Teilmenge	zulässige Teilmenge S	$\zeta^*(S)$	Nummer der optimalen Teilmenge $S \setminus \{i\}$	gewähltes Arbeitselement i
1	1	{1}	7	-	1
2	2	{1,2}	15	1	2
	3	{1,3}	11	1	
3	4	{1,2,3}	19	2;3	
	5	{1,2,4}	20	2	4
	6	{1,3,5}	30	3	
	7	{1,3,6}	16	3	
4	8	{1,2,3,4}	24	5	3
	9	{1,2,3,5}	30	4	
	10	{1,2,3,6}	25	4	
	11	{1,3,5,6}	30	7	
	12	{1,3,6,9}	19	7	
5	13	{1,2,3,4,5}	34	8	5
	14	{1,2,3,4,6}	29	8	6
	15	{1,2,3,5,6}	35	9;10	
	16	{1,2,3,6,9}	28	10;12	
	17	{1,3,5,6,8}	38	11	
	18	{1,3,5,6,9}	30	12	
6	19	{1,2,3,4,5,6}	39	13;14	6;5
	20	{1,2,3,4,5,7}	35	13	7
	21	{1,2,3,4,6,9}	32	14	
	22	{1,2,3,5,6,8}	48	15;17	
	23	{1,2,3,5,6,9}	38	15;16;18	
	24	{1,3,5,6,8,9}	38	18	
7	25	{1,2,3,4,5,6,7}	40	19;20	7;6
	26	{1,2,3,4,5,6,8}	48	19	
	27	{1,2,3,4,5,6,9}	43	19	
	28	{1,2,3,5,6,8,9}	48	23;24	
8	29	{1,2,3,4,5,6,7,8}	48	25	8
	30	{1,2,3,4,5,6,7,9}	43	25	9
	31	{1,2,3,4,5,6,8,9}	51	26;27	
9	32	{1,2,3,4,5,6,7,8,9}	51	29;30	9;8
	33	{1,2,3,4,5,6,7,8,10}	57	29	10
10	34	{1,2,3,4,5,6,7,8,9,10}	60	32;33	10;9

Tab. 3.-7

sen, können die Arbeitselemente in den folgenden neun optimalen Reihenfolgen ausgeführt werden:

1-2-4-3-5-6-7-8-9-10
1-2-4-3-5-6-7-8-10-9
1-2-4-3-5-6-7-9-8-10
1-2-4-3-5-7-6-8-9-10
1-2-4-3-5-7-6-8-10-9
1-2-4-3-5-7-6-9-8-10
1-2-4-3-6-5-7-8-9-10
1-2-4-3-6-5-7-8-10-9
1-2-4-3-6-5-7-9-8-10.

Für jede dieser neun Reihenfolgen sind 3 Arbeitsstationen einzurichten, wenn die Arbeitselemente 1,2 und 4 der ersten Station, die Arbeitselemente 3,5,6 und 7 der zweiten Station und die Arbeitselemente 8,9 und 10 der dritten Station zugeordnet werden.

3.2.3.3. Graphentheoretische Lösungsansätze

Die zur klassischen Fließbandabstimmung entwickelten graphentheoretischen Lösungsansätze führen das Problem der Bestimmung der Zuordnung der Arbeitselemente auf die minimale Zahl der Arbeitsstationen auf das Problem der Ermittlung des kürzesten Weges zwischen zwei Knoten eines Netzwerkes [1] zurück. Dieses Netzwerk wird derart konstruiert, daß jede gerichtete Kante eine hinsichtlich der Taktzeit und der Vorrangbedingungen zulässige Zuordnung von Arbeitselementen zu einer Arbeitsstation darstellt. Daraus folgt, daß der Weg mit der minimalen Anzahl der Kanten die gesuchte Zuordnung der Arbeitselemente auf die minimale Zahl der Stationen wiedergibt.

---

1) Vgl. hierzu u.a. KNÖDEL -1969-, S. 26 ff.; ZIMMERMANN -1975-, S. 19 ff.

Beim Verfahren von KLEIN [1] sind zunächst - wie bei seiner Formulierung als ganzzahliges lineares Programm - sämtliche aufgrund der Vorrangbedingungen zulässigen Reihenfolgen aller Arbeitselemente zu erzeugen. Für jede dieser Reihenfolgen ist ein Netzwerk mit I + 1 Knoten zu konstruieren, in dem jede Kante eine Arbeitsstation und jeder Weg von der Quelle (Knoten 1) bis zur Senke (Knoten I + 1) eine zulässige Zuordnung der Arbeitselemente auf die Arbeitsstationen darstellt [2]. Für sämtliche Netzwerke ist daraufhin der kürzeste Weg, d.h. die minimale Anzahl der Kanten vom Knoten 1 bis zum Knoten I + 1 zu bestimmen. Optimal ist das Netzwerk, das den minimalen kürzesten Weg aufweist, d.h. die zulässige Reihenfolge aller Arbeitselemente, bei der die geringste Zahl der Stationen benötigt wird. Dieses Verfahren von KLEIN ist jedoch ebenso wie sein ganzzahliger linearer Modellansatz nur von theoretischer Bedeutung [3], da selbst bei kleineren Problemen eine beträchtliche Zahl zulässiger Reihenfolgen existiert [4]. Besonders fragwürdig erscheint darüber hinaus der Wert der Netzwerkdarstellung, da die Arbeitselemente bei vorgegebenen zulässigen Reihenfolgen den einzelnen Stationen ohne Verwendung von Netzwerken wesentlich einfacher zugeordnet werden können [5], indem unter Berücksichtigung der Taktzeit jeweils möglichst viele Arbeitselemente in der vorgegebenen Reihenfolge zu Arbeitsstationen zusammengefaßt werden [6].

---

1) KLEIN -1963-, S. 278 f.; vgl. auch KATTWINKEL -1963-, S. 5.

2) Vgl. KLEIN -1963-, S. 279; PROFFEN -1964-, S. 148.

3) Vgl. KLEIN -1963-, S. 281; PROFFEN -1964-, S. 148; IGNALL -1965-, S. 253.

4) Für das betrachtete Abstimmungsproblem mit 10 Arbeitselementen ergeben sich bereits 288 zulässige Reihenfolgen aller Arbeitselemente. Die von HOFFMANN (-1959-, S. 5) vorgeschlagene Näherungsformel $I!/2^R$ gibt dagegen die Anzahl der bei R direkten Reihenfolgebeziehungen zulässigen Reihenfolgen aller Arbeitselemente nur sehr ungenau wieder, denn hiernach würden sich für das betrachtete Problem mit 12 direkten Reihenfolgebeziehungen rund 886 zulässige Reihenfolgen ergeben.

5) Vgl. HAHN-LUTZ-ROSCHMANN -1968-, S. 93.

6) Vgl. selbst KLEIN -1963-, S. 276.

Im Gegensatz zum Verfahren von KLEIN ist beim zweiphasigen Ansatz von GUTJAHR und NEMHAUSER [1] der kürzeste Weg durch lediglich ein Netzwerk zu bestimmen. In der ersten Phase werden wie beim Verfahren von HELD, KARP und SHARESHIAN sämtliche zulässigen Teilmengen der Arbeitselemente gebildet, die im folgenden mit q $(q=0,1,\ldots,\bar{q})$ indiziert werden. Diese zulässigen Teilmengen mit

$$S_o = \emptyset$$

und

$$S_{\bar{q}} = \{1,2,\ldots,I\}$$

werden stufenweise wie folgt erzeugt [2]:

(1) Die leere Menge S_o ist die erste zulässige Teilmenge (Stufe 0).

(2) Stufe 1 enthält die zulässigen Teilmengen, die aus den Arbeitselementen ohne direkte Vorgänger gebildet werden können. Anschließend werden diese Arbeitselemente markiert.

(3) Für jede zulässige Teilmenge der Stufe r $(r \geq 1)$ werden die unmarkierten direkten Nachfolger ermittelt. Direkter Nachfolger der zulässigen Teilmenge S_q ist das Arbeitselement, das mindestens einem der in der zulässigen Teilmenge S_q enthaltenen Arbeitselemente unmittelbar nachfolgt und keine in dieser zulässigen Teilmenge nicht enthaltene Arbeitselemente als Vorgänger besitzt [3]. Die aus den zulässigen Teilmengen der Stufe r und ihren unmarkierten

---

1) GUTJAHR-NEMHAUSER -1964-, S. 309 ff.; vgl. auch ELMAGHRABY -1966-, S. 270 ff. DAVIS-HEIDORN (-1971-) haben diesen Ansatz derart erweitert, daß er zur Lösung des Netzplanproblems bei beschränkten Kapazitäten herangezogen werden kann. Zur Verwandtschaft des klassischen Fließbandabstimmungsproblems und der Netzplantechnik bei knappen Kapazitäten vgl. MOODIE-MANDEVILLE -1966-.

2) Vgl. GUTJAHR-NEMHAUSER -1964-, S. 311.

3) Vgl. GUTJAHR-NEMHAUSER -1964-, S. 311.

direkten Nachfolgern erzeugten zulässigen Teilmengen werden in Stufe r + 1 placiert. Jeder unmarkierte direkte Nachfolger der Stufe r wird anschließend markiert. Dieses Verfahren wird für die folgenden Stufen fortgesetzt, bis alle I Arbeitselemente markiert sind.

Anschließend wird jeder zulässigen Teilmenge die Summe der Elementzeiten der in ihr enthaltenen Arbeitselemente zugeordnet:

$$\Theta_q = \sum_{i \in S_q} t_i \qquad (q=0,\ldots,\bar{q}).$$

Die Tabelle 3.-8 zeigt sämtliche zulässigen Teilmengen sowie deren Zeiten Θ_q für das in Abbildung 2.-1 dargestellte Fließbandabstimmungsproblem.

In der zweiten Phase wird ein Netzwerk konstruiert, in dem der Knoten q die in der ersten Phase erzeugte zulässige Teilmenge S_q darstellt. In diesem Netzwerk repräsentiert jede gerichtete Kante eine Arbeitsstation, wenn die Knoten folgendermaßen durch Kanten verbunden werden [1]:

(1) Vom Knoten 0 wird jeweils eine Kante zum Knoten λ gezogen, für den die Bedingung

$$\Theta_\lambda \leqq \bar{c}$$

erfüllt ist. Diese Knoten sind die Knoten der ersten Stufe und werden markiert [2]. Den Kanten wird die Leerzeit

---

1) Vgl. GUTJAHR-NEMHAUSER -1964-, S. 310.

2) Durch das Markieren der Knoten wird verhindert, daß die Knoten über mehrere Kanten erreicht werden können. GUTJAHR-NEMHAUSER (-1964-, S. 310, S. 313) markieren die Knoten nicht explizit, berücksichtigen aber bei der Konstruktion des Netzwerkes, daß zu jedem Knoten nur eine Kante führt.

Stufe	markierte Arbeits-elemente	q	zulässige Teil-menge S_q	Zeit Θ_q	unmarkierte direkte Nachfolger
0		0	-	0	1
1	1	1	{1}	7	2,3
2	2,3	2	{1,2}	15	4
		3	{1,3}	11	5,6
		4	{1,2,3}	19	4,5,6
3	4,5,6	5	{1,2,4}	20	-
		6	{1,3,5}	21	-
		7	{1,3,6}	16	9
		8	{1,3,5,6}	26	8,9
		9	{1,2,3,4}	24	-
		10	{1,2,3,5}	29	-
		11	{1,2,3,6}	24	9
		12	{1,2,3,4,5}	34	7
		13	{1,2,3,4,6}	29	9
		14	{1,2,3,5,6}	34	8,9
		15	{1,2,3,4,5,6}	39	7,8,9
4	7,8,9	16	{1,3,6,9}	19	-
		17	{1,3,5,6,8}	34	-
		18	{1,3,5,6,9}	29	-
		19	{1,3,5,6,8,9}	37	-
		20	{1,2,3,6,9}	27	-
		21	{1,2,3,4,5,7}	35	-
		22	{1,2,3,4,6,9}	32	-
		23	{1,2,3,5,6,8}	42	-
		24	{1,2,3,5,6,9}	37	-
		25	{1,2,3,5,6,8,9}	45	-
		26	{1,2,3,4,5,6,7}	40	-
		27	{1,2,3,4,5,6,8}	47	-
		28	{1,2,3,4,5,6,9}	42	-
		29	{1,2,3,4,5,6,7,8}	48	10
		30	{1,2,3,4,5,6,7,9}	43	-
		31	{1,2,3,4,5,6,8,9}	50	-
		32	{1,2,3,4,5,6,7,8,9}	51	10
5	10	33	{1,2,3,4,5,6,7,8,10}	57	-
		34	{1,2,3,4,5,6,7,8,9,10}	60	-

Tab. 3.-8

$$\bar{c} - \Theta_\lambda$$

zugeordnet.

(2) Jeder Knoten ω der Stufe r ($r \geq 1$) wird durch eine gerichtete Kante mit den unmarkierten Knoten ϕ verbunden, wenn

$$S_\omega \subset S_\phi,$$

d.h. wenn der Knoten ϕ alle Arbeitselemente des Knotens ω enthält, und wenn

$$\Theta_\phi - \Theta_\omega \leq \bar{c},$$

d.h. wenn die durch die Kante dargestellte Zuordnung hinsichtlich der vorgegebenen Taktzeit zulässig ist. Jede Kante wird mit der Leerzeit

$$\bar{c} - (\Theta_\phi - \Theta_\omega)$$

bewertet. Sobald zum Knoten ϕ eine Kante gezogen ist, wird dieser markiert. Die durch Kanten mit den Knoten der r-ten Stufe verbundenen Knoten bilden die Knoten der (r + 1) - ten Stufe. Dieses Verfahren wird für die folgenden Stufen wiederholt, bis der Knoten $\bar{q}$ zum ersten Mal erreicht ist [1)].

Wird das Netzwerk auf diese Weise konstruiert, ist der Knoten 0 mit allen anderen Knoten durch die geringste Zahl von Kanten verbunden. Wird der Knoten $\bar{q}$ erreicht, stellt daher der Weg vom Knoten 0 bis zum Knoten $\bar{q}$ die Zuordnung der

---

1) Interpretiert man das Verfahren von HELD, KARP und SHARESHIAN als graphentheoretischen Lösungsansatz, so werden alle möglichen zu den Knoten führenden Kanten berücksichtigt, von denen mit Hilfe der Rekursionsgleichung (3.27) die optimale Kante ausgewählt wird. Dagegen führt beim Ansatz von GUTJAHR und NEMHAUSER nur jeweils eine Kante zu den einzelnen Knoten; vgl. GUTJAHR-NEMHAUSER -1965-, S. 314.

Arbeitselemente auf die minimale Zahl der Stationen dar. Die Zahl der Kanten dieses Weges gibt die Zahl der einzurichtenden Arbeitsstationen an. Den Stationen werden jeweils diejenigen Arbeitselemente zugewiesen, um die sich je zwei auf dem kürzesten Weg aufeinanderfolgende Knoten bzw. zulässige Teilmengen unterscheiden [1].

Die Abbildung 3.-3 zeigt das Netzwerk für das betrachtete Fließbandabstimmungsproblem mit der Taktzeit $\bar{c}$ = 20. Der aus drei Kanten bestehende kürzeste Weg zwischen den Knoten 0 und $\bar{q}$ = 34 führt über die Knoten 5 und 26, so daß die Arbeitselemente den Stationen wie folgt zugeordnet werden (vgl. Tabelle 3.-9):

Station	Arbeitselemente	Leerzeit
1	1 2 4	0
2	3 5 6 7	0
3	8 9 10	0

Tab. 3.-9

1) Vgl. BUSSMANN et al. -1968-, S. 345.

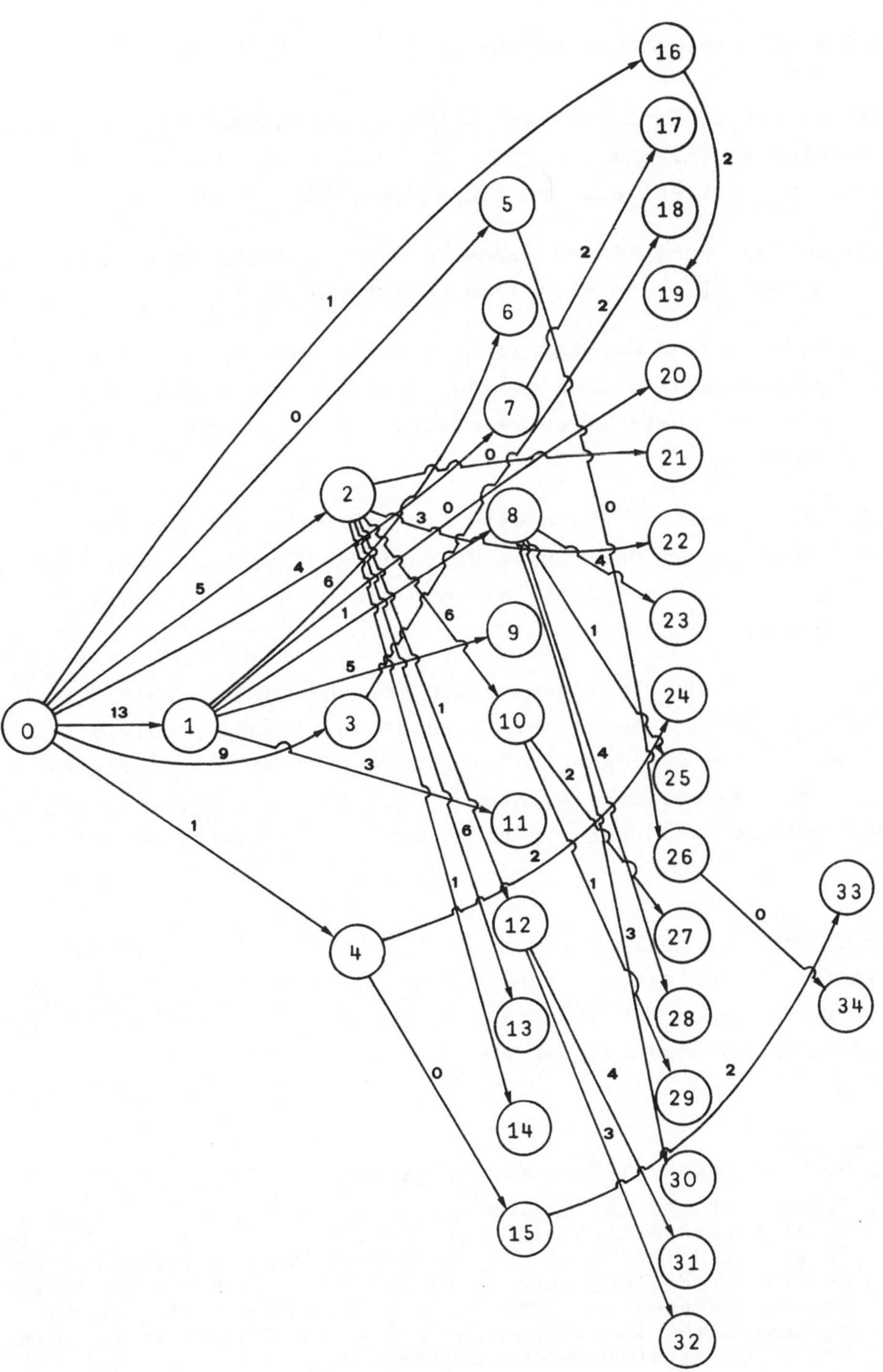

Abb. 3.-3

3.2.3.4. Enumerationsverfahren

Das in seiner Struktur einfachste Verfahren zur Lösung des klassischen Fließbandabstimmungsproblems ist die Vollenumeration. Sie besteht aus den folgenden drei Phasen:

(1) In der ersten Phase werden sämtliche zulässigen Reihenfolgen aller Arbeitselemente aufgezählt.

(2) Anschließend werden die Arbeitselemente in der jeweils vorgegebenen zulässigen Reihenfolge unter Berücksichtigung der Taktzeit den einzelnen Arbeitsstationen zugeordnet.

(3) In der dritten Phase wird schließlich die zulässige Reihenfolge mit der minimalen Zahl der Stationen oder - was gleichbedeutend ist - mit der minimalen Gesamtleerzeit gewählt [1].

Der Nachteil der Vollenumeration besteht darin, daß sie sich nur zur Lösung klassischer Fließbandabstimmungsprobleme mit einer relativ geringen Zahl zulässiger Reihenfolgen eignet. Für Probleme praxisrelevanter Größenordnungen wächst dagegen der Rechenaufwand auf ein nicht mehr vertretbares Maß an [2].

Gegenüber der Vollenumeration läßt sich der Rechenaufwand erheblich verringern, wenn anstatt der Berechnung aller möglichen Lösungen der Enumerationsprozeß für solche im Aufbau befindlichen Lösungen abgebrochen wird, die

---

1) Vgl. HOFFMANN -1959-; MOODIE -1964-, S. 56.

2) Selbst für das in Abbildung 2.-1 dargestellte Problem mit 10 Arbeitselementen sind bereits 288 zulässige Reihenfolgen zu erzeugen. Die Zahl der zulässigen Reihenfolgen steigt, je weniger Reihenfolgebeziehungen zwischen den Arbeitselementen bestehen. Maximal, d.h. ohne Berücksichtigung von Reihenfolgebedingungen, sind 10! = 3628800 zulässige Reihenfolgen miteinander zu vergleichen.

(1) mit Sicherheit kein besseres Ergebnis als die ebenfalls im Aufbau befindlichen Lösungen erwarten lassen,

(2) auf keinen Fall zu einer besseren Lösung als die beste bekannte Lösung führen können oder

(3) mit Sicherheit die angestrebte Zuordnung auf die theoretisch minimale Zahl der Stationen nicht realisieren können.

Auf einem derartigen Abbruch des Enumerationsprozesses beruhen die im folgenden untersuchten Verfahren. Diese Verfahren werden hier als Teilenumeration bezeichnet, da bei ihnen nur ein Teil der möglichen Lösungen betrachtet werden muß und dennoch die optimale Lösung nicht verfehlt wird.

Bei der Teilenumeration werden die Arbeitselemente den Arbeitsstationen aufgrund von vollständigen Kombinationen von Arbeitselementen zugeordnet. Unter einer vollständigen Kombination von Arbeitselementen wird dabei eine Kombination χ verstanden, die den folgenden drei Bedingungen genügt:

a) Die Kombination χ besteht aus Arbeitselementen, die in einer hinsichtlich der Vorrangbedingungen zulässigen Reihenfolge ausgeführt werden können.

b) Die Summe der Elementzeiten der in der Kombination χ enthaltenen Arbeitselemente ist kleiner oder gleich der vorgegebenen Taktzeit.

c) Neben der Kombination χ existiert keine weitere Kombination, die die Bedingungen a) und b) erfüllt und sämtliche Arbeitselemente der Kombination χ enthält.

Die Teilenumeration solcher vollständigen Kombinationen läßt sich an einem Entscheidungsbaum veranschaulichen, dessen Knoten bis auf den Anfangsknoten die enumerierten vollständigen Kombinationen darstellen. Mit dem in dieser Arbeit einheitlich links gezeichneten Anfangsknoten werden die Knoten der ersten Stufe verbunden, die die vollständigen Kombinationen für die erste Arbeitsstation repräsentieren. Von diesen Knoten werden die Knoten der zweiten Stufe erreicht, die die vollständigen Kombinationen für die zweite Arbeitsstation wiedergeben. Dieses Verfahren wird für die folgenden Stufen wiederholt, bis die Stufe N_{min} erreicht ist, d.h. die Arbeitsstation N_{min}, der die restlichen Arbeitselemente zugeteilt werden können. Zwischen dem Anfangsknoten und jedem Knoten einer beliebigen Stufe existiert nur jeweils eine Verbindung. Diese beschreibt die durch den Knoten repräsentierte Teilfolge von Arbeitselementen, wenn sich der Knoten auf den Stufen 1 bis N_{min} - 1 befindet, oder die Reihenfolge aller Arbeitselemente, wenn der Knoten eine vollständige Kombination für die Station N_{min} darstellt.

Allen im folgenden untersuchten Enumerationsverfahren ist aufgrund der Prämisse reihenfolgeunabhängiger Elementzeiten gemeinsam, daß von mehreren vollständigen Kombinationen, die die gleichen Arbeitselemente, jedoch in unterschiedlicher Anordnung enthalten, nur eine Kombination relevant ist. Diese Kombination ist bis auf eine Ausnahme [1)] durch eine Anordnung der Arbeitselemente in der Folge aufsteigender Elementnummern gekennzeichnet. JACKSON [2)], der als erster eine Teilenumeration solcher vollständigen Kombinationen durchgeführt hat, erzeugt zunächst sämtliche vollständigen Kombinationen für die erste Arbeitsstation und bildet für jede dieser Kombinationen alle vollständigen Kombinationen für die zweite Arbeitsstation. Auf diese Weise ergeben sich mehrere zulässige Teilfolgen von Arbeitselementen, von denen anschließend diejenigen ausgeschieden werden, die

---

1) Diese Ausnahme bildet das Verfahren von MANSOOR; vgl. MANSOOR -1964/1-, S. 73 ff.

2) JACKSON -1956-; vgl. auch FREEMAN -1967-, S. 15 ff.; SAWYER -1970-, S. 69 ff.

(1) mit bisher bekannten Teilfolgen inhaltlich identisch sind, d.h. die gleichen Arbeitselemente, wenn auch in unterschiedlicher Anordnung enthalten [1]. So kann beispielsweise die Teilfolge (1-2-4-3-6-9) mit der vollständigen Kombination {3,6,9} für die zweite Station eliminiert werden, wenn bereits die Teilfolge (1-2-3-4-6-9) mit der ebenfalls der zweiten Station zuteilbaren vollständigen Kombination {4,6,9} erzeugt wurde. Da die betrachteten Teilfolgen inhaltlich identisch sind und damit auch die Mengen der nicht zugeteilten Arbeitselemente für beide Teilfolgen übereinstimmen, würde der weitere Aufbau dieser Teilfolgen auf den folgenden Stufen des Entscheidungsbaumes wiederum zu inhaltlich identischen Teilfolgen führen. Die zuletzt gebildete Teilfolge (1-2-4-3-6-9) ist somit redundant.

(2) Darüber hinaus werden diejenigen Teilfolgen eliminiert, die von bisher bekannten Teilfolgen dominiert werden. Betrachtet seien die Teilfolgen F_1 und F_2. Wenn F_1 und F_2 jeweils ein Arbeitselement enthalten, das nicht in der Teilfolge F_2 bzw. F_1 enthalten ist, wird F_2 von F_1 dominiert, wenn die Bearbeitungszeit des in F_1, jedoch nicht in F_2 enthaltenen Arbeitselementes größer als die des in F_2, aber nicht in F_1 enthaltenen Arbeitselementes ist und wenn die betrachteten Arbeitselemente direkte Vorgänger eines dritten Arbeitselementes sind.

Für die verbleibenden vollständigen Kombinationen für die zweite Station werden wiederum die vollständigen Kombinationen für die dritte Station enumeriert, von denen einzelne Kombinationen mit Hilfe der angegebenen Kriterien erneut ausgeschie-

---

1) JACKSON (-1956-) scheidet willkürlich eine der inhaltlich identischen Teilfolgen aus. Dagegen streben HELGESON-KWO (-1957-) neben der Minimierung der Zahl der Stationen eine möglichst gleichmäßige Verteilung der Gesamtbearbeitungszeit auf die einzelnen Stationen an, indem von mehreren inhaltlich identischen Teilfolgen jeweils die Teilfolge gewählt wird, deren vollständige Kombinationen annähernd die gleichen Elementzeitsummen aufweisen.

den werden. Dieses Verfahren wird so lange fortgesetzt, bis erstmals eine Reihenfolge aller Arbeitselemente gefunden ist.

Der erforderliche Enumerationsprozeß für das in Abbildung 2.-1 dargestellte klassische Fließbandabstimmungsproblem mit der Taktzeit $\bar{c}$ = 20 ist in Abbildung 3.-4 als Entscheidungsbaum veranschaulicht.

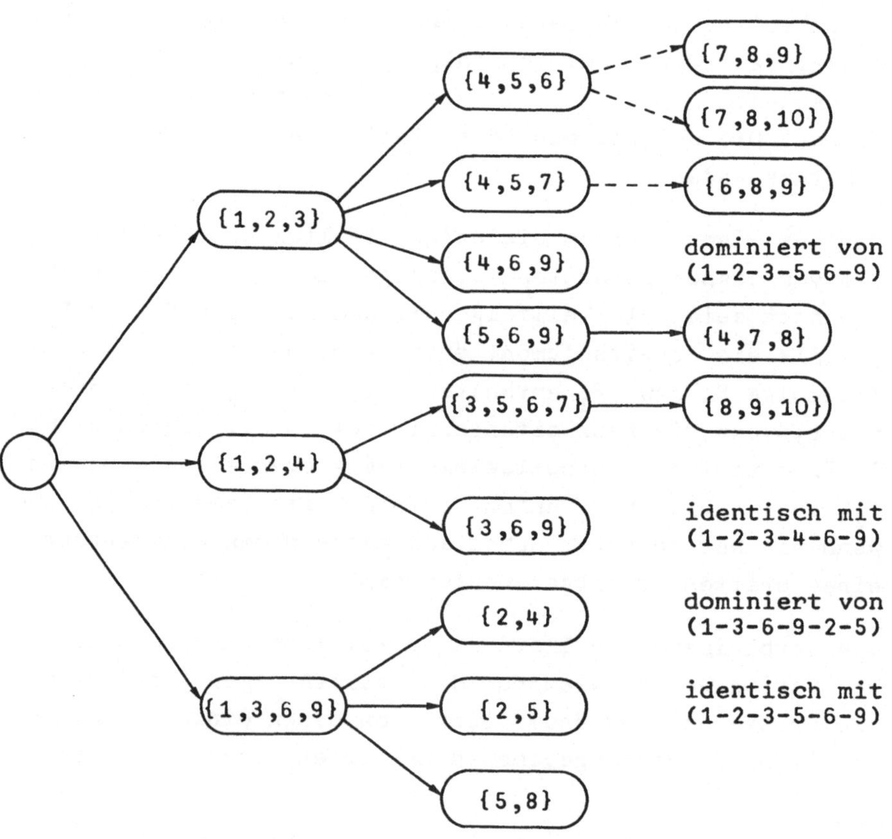

Abb. 3.-4

Die Abbildung zeigt, daß sich auf der dritten Stufe des Entscheidungsbaumes mit der vollständigen Kombination {8,9,10} erstmals eine Reihenfolge aller Arbeitselemente ergibt, deren vollständige Kombinationen {1,2,4}, {3,5,6,7} und {8,9,10} die Zuordnung aller 10 Arbeitselemente auf die minimale Zahl von N_{min} = 3 Stationen repräsentieren [1].

Im Gegensatz zum Verfahren von JACKSON wird bei den weiteren Enumerationsverfahren jeder erzeugten vollständigen Kombination eine untere Schranke des Zielfunktionswertes für die durch die Kombination repräsentierte Teilfolge zugeordnet. Dadurch lassen sich im Laufe des Enumerationsprozesses diejenigen vollständigen Kombinationen ausscheiden, deren untere Schranken entweder größer oder gleich der mit Hilfe eines Näherungsverfahrens ermittelten oberen Schranke des Zielfunktionswertes sind oder deren untere Schranken den als obere Schranke dienenden theoretisch minimalen Zielfunktionswert überschreiten. Diese mit unteren Schranken arbeitenden Verfahren lassen sich danach unterscheiden, ob die Enumeration der vollständigen Kombinationen streng sequentiell oder gemischt parallel und sequentiell organisiert wird [2].

---

1) Zusätzlich zu den Teilfolgen, die mit Hilfe der angegebenen Kriterien eliminiert werden konnten, lassen sich die Teilfolgen (1-2-3-4-5-6) und (1-2-3-4-5-7) ausscheiden, da sie jeweils ein Arbeitselement weniger enthalten als die Teilfolge (1-2-4-3-5-6-7) (vgl. die gestrichelten Pfeile in Abbildung 3.-4). Auf diese Weise kann der Enumerationsprozeß weiter verkürzt werden.

2) Vgl. zur Organisation von Enumerationsprozessen MÜLLER-MERBACH -1970-, S. 28; MÜLLER-MERBACH -1973-, S. 325 ff. Das auf der dynamischen Programmierung basierende Verfahren von HELD, KARP und SHARESHIAN kann ebenfalls als Enumerationsverfahren interpretiert werden, bei dem alle zulässigen Teilfolgen einer Stufe parallel zueinander aufgebaut werden und von den inhaltlich identischen Teilfolgen nur die jeweils beste festgehalten wird. Aufgrund der verfahrenstypischen Eigenarten bei der rekursiven Lösung wurde dieses Verfahren jedoch getrennt von den übrigen Enumerationsverfahren erörtert.

(1) Bei der sequentiellen Organisation des Enumerationsprozesses wird jeweils nur eine Teilfolge aufgebaut und - da die Teilfolgen als Zweige eines Entscheidungsbaumes darstellbar sind - nur ein Zweig des Entscheidungsbaumes verfolgt. Bei den Verfahren von MERTENS und von MOWER [1] bestehen die Teilfolgen dabei aus vollständigen Kombinationen, deren Arbeitselemente in der Folge aufsteigender Elementnummern angeordnet sind. MANSOOR [2] faßt dagegen die Arbeitselemente in der Folge abnehmender Positionsgewichte zusammen, wobei das Positionsgewicht eines Arbeitselementes als die Summe der eigenen Elementzeit und der Elementzeiten aller nachfolgenden Arbeitselemente definiert ist. Sobald eine vollständige Kombination für die erste Arbeitsstation erzeugt ist, wird deren untere Schranke mit der oberen Schranke des Zielfunktionswertes, Z_o, verglichen. Als untere Schranke wählt MERTENS die mindestens erforderliche Zahl der Stationen für die durch die Kombination repräsentierte Teilfolge. Bezeichnet U die Menge der in der betrachteten Teilfolge nicht enthaltenen Arbeitselemente, gilt für die untere Schranke der der Station j zuteilbaren Kombination [3]:

$$j + \left[\frac{\sum\limits_{i \in U} t_i}{\bar{c}} \right]^+ \qquad (j=1,\ldots,Z_o-1).$$

Hierbei gibt j die Zahl der vollständigen Kombinationen bzw. Stationen für die betrachtete Teilfolge an, während der zweite Summand die unter Berücksichtigung der vorgegebenen Taktzeit $\bar{c}$ mindestens erforderliche weitere Zahl der Stationen für die noch nicht zugeteilten Arbeitselemente darstellt.

Die obere Schranke für die Zahl der einzurichtenden Stationen wird mit Hilfe eines einfachen Näherungsverfahrens [4] bestimmt,

1) MERTENS -1967-, S. 429 ff.; MOWER -1970-, S. 26 ff.; vgl. auch MÜLLER-MERBACH -1973-, S. 356 ff.

2) MANSOOR -1964/1-, S. 73 ff.

3) Vgl. MERTENS -1967-, S. 430.

4) Vgl. MERTENS -1967-, S. 430.

indem jeweils das Arbeitselement mit der größten Elementzeit zugeteilt wird. Weisen mehrere für die Zuteilung in Frage kommende Arbeitselemente die gleiche Elementzeit auf, wird das Arbeitselement mit der maximalen Zahl direkter Nachfolger gewählt. Ist nun die untere Schranke kleiner als die obere Schranke Z_o, wird der Aufbau der Teilfolge für die nächste Station fortgesetzt, da ein besseres Abstimmungsergebnis als beim Näherungsverfahren zu erwarten ist. Andernfalls wird die zuletzt gebildete vollständige Kombination schrittweise wieder abgebaut und - wenn noch eine weitere Kombination für diese Station gebildet werden kann - mit dem Aufbau der nächsten Kombination begonnen. Die neu gebildete Kombination wird wiederum mit ihrer unteren Schranke bewertet, und deren untere Schranke wird erneut mit der oberen Schranke verglichen. Existiert dagegen für eine Arbeitsstation keine Kombination, deren untere Schranke die obere Schranke unterschreitet, wird - sofern es sich mindestens um die zweite Station handelt - die Kombination der vorhergehenden Station zerstört und mit dem Aufbau weiterer Kombinationen für diese Station begonnen. Kann überhaupt keine Kombination gebildet werden, die weniger als Z_o Stationen erwarten läßt, stellt die mit Hilfe des Näherungsverfahrens gefundene Zuordnung der Arbeitselemente auf Z_o Stationen die Optimallösung dar. In vielen Fällen lassen sich jedoch die Arbeitselemente auf weniger als Z_o Arbeitsstationen verteilen. Stimmt die Zahl der Stationen dieser Lösung, N, mit der theoretisch minimalen Zahl von $\bar{m}$ Stationen überein, ist das Verfahren ebenso beendet wie für den Fall, daß bereits das Näherungsverfahren zu einer Zuordnung der Arbeitselemente auf $\bar{m}$ Stationen führt. Für $N > \bar{m}$ ist dagegen die Enumeration mit der reduzierten oberen Schranke $Z_o = N$ zu wiederholen.

Der sich für das Verfahren von MERTENS ergebende Entscheidungsbaum ist für das betrachtete klassische Fließbandabstimmungsproblem in Abbildung 3.-5 dargestellt, in der den vollständigen Kombinationen die zugehörige untere Schranke zugeordnet ist. Obwohl bereits das Näherungsverfahren eine Lösung

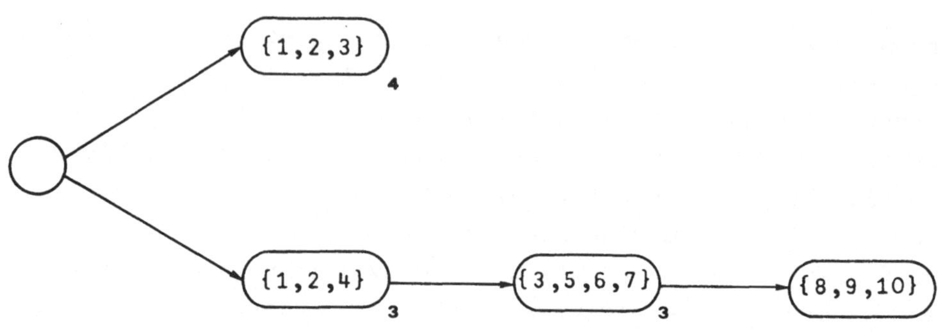

Abb. 3.-5

mit der theoretisch minimalen Zahl von 3 Stationen liefert, wird zur Demonstration der Teilenumeration von der oberen Schranke $Z_o = 4$ ausgegangen. Hierfür sind lediglich 4 Kombinationen zu erzeugen, da bereits der Zweig mit den Kombinationen {1,2,4}, {3,5,6,7} und {8,9,10} die optimale Lösung darstellt.

Der Rechenaufwand für das Verfahren von MERTENS hängt in hohem Maße von der mit Hilfe des Näherungsverfahrens ermittelten oberen Schranke ab. Das Verfahren arbeitet um so besser, je dichter die Näherungslösung beim Optimum liegt. Stimmt die obere Schranke gar - wie im betrachteten Beispiel - mit der theoretisch minimalen Zahl der Stationen überein, kann auf eine Teilenumeration vollständiger Kombinationen völlig verzichtet werden. Weicht jedoch die Näherungslösung sehr weit von der theoretisch minimalen Zahl der Stationen ab, ist der Enumerationsprozeß in der Regel mehrmals mit einer jeweils kleineren oberen Schranke zu wiederholen. Unabhängig von einer Näherungslösung sind dagegen die ebenfalls sequentiell organisierten Enumerationsverfahren von MOWER und von MANSOOR [1]. Beiden Verfahren ist gemeinsam, daß im Gegensatz zu MERTENS als obere Schranke die theoretisch minimale Gesamtleerzeit

1) MOWER -1970-, S. 29 ff.; MANSOOR -1964/1-, S. 73 ff.; MANSOOR -1964/2-, S. 322 f. Beide Verfahren sind bis auf die Bildung der vollständigen Kombinationen identisch.

(3.28) $$\bar{L}_{min} = \bar{m} \cdot \bar{c} - \sum_{i=1}^{I} t_i$$

für die vorgegebene Taktzeit $\bar{c}$ und die theoretisch minimale Zahl von $\bar{m}$ Stationen gewählt wird. Dementsprechend wird jeder vollständigen Kombination als untere Schranke die Leerzeit der durch sie repräsentierten Teilfolge zugeordnet. Diese beträgt

$$j \cdot \bar{c} - \sum_{i \varepsilon \Omega_j} t_i \qquad (j=1,\ldots,\bar{m}-1),$$

wobei Ω_j die Menge der in der betrachteten Teilfolge enthaltenen Arbeitselemente bezeichnet, für die j Stationen erforderlich sind. Bei dieser Wahl der Schranken wird der Aufbau einer Teilfolge bereits dann abgebrochen, wenn die Leerzeit dieser Teilfolge die theoretisch minimale Gesamtleerzeit (3.28) überschreitet.

Die sequentiell organisierten Enumerationsverfahren erfordern einen relativ geringen Speicherplatz, da der bestehende Zweig des Entscheidungsbaumes vor dem Aufbau des nächsten Zweiges wieder abgebaut und somit stets nur ein Zweig gespeichert wird. Dem steht jedoch als Nachteil gegenüber, daß selbst dann, wenn die Näherungslösung dem Optimum sehr nahe kommt, häufig einzelne Zweige des Entscheidungsbaumes sehr weit verfolgt werden müssen [1], ehe erkannt werden kann, daß sie weder eine bessere Lösung als die bisher bekannte Lösung liefern noch zum theoretischen Optimum führen können.

---

1) Vgl. BUSSMANN et al. -1968-, S. 352.

(2) Dieser Nachteil wird bei gemischt parallel und sequentiell organisiertem Enumerationsprozeß vermieden. JAESCHKE [1] generiert zunächst alle vollständigen Kombinationen für die erste Arbeitsstation und ordnet ihnen ebenso wie MOWER und MANSOOR als untere Schranke die Leerzeit der bisher aufgebauten Teilfolge zu. Anschließend werden für die Kombination mit der minimalen unteren Schranke die vollständigen Kombinationen für die zweite Arbeitsstation gebildet, die erneut mit der zugehörigen unteren Schranke bewertet werden. Dieses dem Branch-and-Bound-Prinzip [2] entsprechende Verfahren der abwechselnden Verzweigung von vollständigen Kombinationen (Branching) und der Bestimmung der unteren Schranken für die neu entstandenen Kombinationen (Bounding) wird so lange fortgesetzt, bis nach N Schritten sämtliche I Arbeitselemente auf N Arbeitsstationen verteilt sind. Die Gesamtleerzeit dieser Zuordnung

$$\bar{L} = N \cdot \bar{c} - \sum_{i=1}^{I} t_i$$

bildet dann die obere Schranke, mit deren Hilfe nunmehr diejenigen Kombinationen von der weiteren Betrachtung ausgeklammert werden können, deren untere Schranken die obere Schranke überschreiten oder mit ihr übereinstimmen. Auf eine bessere Lösung als die bisher bekannte Zuordnung sind somit nur noch diejenigen bisher nicht verzweigten Kombinationen für die ersten N - 1 Arbeitsstationen zu untersuchen, deren untere Schranken kleiner als die obere Schranke sind. Für diese Kombinationen ist wiederum der oben beschriebene gemischt parallel und sequentiell organisierte Enumerationsprozeß durchzuführen, bis sich entweder eine Zuordnung auf eine geringere Zahl der Stationen ergibt oder aber keine Kombinationen mehr

---

1) JAESCHKE -1964-, S. 151 ff.; vgl. auch DEUTSCH (-1971-, S. 93 ff.), der ein ähnliches Verfahren vorgeschlagen hat.

2) Zum auf LAND-DOIG (-1960-) zurückgehenden Branch-and-Bound-Prinzip vgl. u.a. LAWLER-WOOD -1966-; AGIN -1967-; MITTEN -1970-; KOHLER-STEIGLITZ -1974-.

existieren, deren untere Schranken kleiner als die obere Schranke sind. Im letzten Fall stellt die bereits bekannte Zuordnung der Arbeitselemente die optimale Lösung des klassischen Fließbandabstimmungsproblems dar.

In Abbildung 3.-6 ist der sich für das betrachtete Beispiel ergebende Entscheidungsbaum dargestellt, dessen Knoten bzw. vollständige Kombinationen wiederum mit der zugehörigen unteren Schranke bewertet sind.

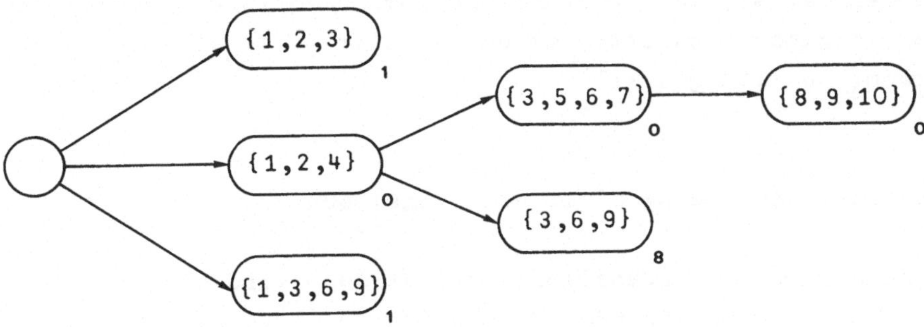

Abb. 3.-6

Nach drei Schritten ergibt sich mit den Kombinationen {1,2,4}, {3,5,6,7} und {8,9,10} bereits die optimale Lösung, da die unteren Schranken aller nicht verzweigten Kombinationen für die ersten beiden Arbeitsstationen die obere Schranke $\bar{L}$ = 0 überschreiten.

Beim oben beschriebenen Branch-and-Bound-Verfahren wird jeweils die vollständige Kombination mit der geringsten unteren Schranke weiter verzweigt. Dadurch sind im Gegensatz zur sequentiellen Enumeration nicht erst sämtliche oberen Zweige des Entscheidungsbaumes zu untersuchen, bevor der gegebenenfalls im unteren Bereich des Entscheidungsbaumes liegende optimale Zweig gefunden wird. Jedoch ergibt sich bei parallelem Aufbau des Entscheidungsbaumes in der Regel eine wesentlich größere

Zahl zu speichernder Kombinationen als bei der sequentiellen Enumeration, wodurch dem Verfahren von JAESCHKE hinsichtlich der praktischen Anwendung relativ enge Grenzen gesetzt sind. Dennoch lassen sich mit einem auf dem Branch-and-Bound-Prinzip basierenden klassischen Fließbandabstimmungsverfahren gute Ergebnisse für das kombinatorische Verfahren zur interdependenten Fließbandabstimmung erzielen, wenn gegenüber dem ursprünglichen Verfahren von JAESCHKE eine Reihe von Modifikationen mit dem Ziel der Verringerung des Speicherbedarfs vorgenommen werden. Dieses weiterentwickelte Branch-and-Bound-Verfahren ist als Teilprogramm des kombinatorischen Verfahrens in der folgenden Schrittfolge dargestellt (vgl. auch das Flußdiagramm, Abbildung 3.-7):

1. Schritt: Bestimmung einer Näherungslösung

Der Enumeration vollständiger Kombinationen wird das bereits von MERTENS verwendete Näherungsverfahren [1] vorgeschaltet, das um so häufiger zu einer Zuordnung der Arbeitselemente auf die theoretisch minimale Zahl von $m_{\hat{\nu}}$ Stationen führt, je mehr die theoretisch minimale Durchlaufzeit $m_{\hat{\nu}} \cdot c_{\hat{\nu}}$ die Gesamtbearbeitungszeit übersteigt, d.h. je höher die theoretisch minimale Gesamtleerzeit

$$L_{min} = m_{\hat{\nu}} \cdot c_{\hat{\nu}} - \sum_{i=1}^{I} t_i \qquad (3.29)$$

ist. Das Näherungsverfahren wird abgebrochen, sobald die Summe der Leerzeiten der bisher aufgebauten j Stationen

$$\sum_{j^*=1}^{j} l_{j^*} = \sum_{j^*=1}^{j} (c_{\hat{\nu}} - \sum_{i \in M_{j^*}} t_i) \qquad (j=1,\ldots,m_{\hat{\nu}}-1) \qquad (3.30)$$

1) Obwohl auch jedes andere heuristische Verfahren verwendet werden kann, wird zur besseren Vergleichbarkeit dieses Verfahrens mit dem Ansatz von MERTENS das bereits von ihm eingesetzte Näherungsverfahren gewählt.

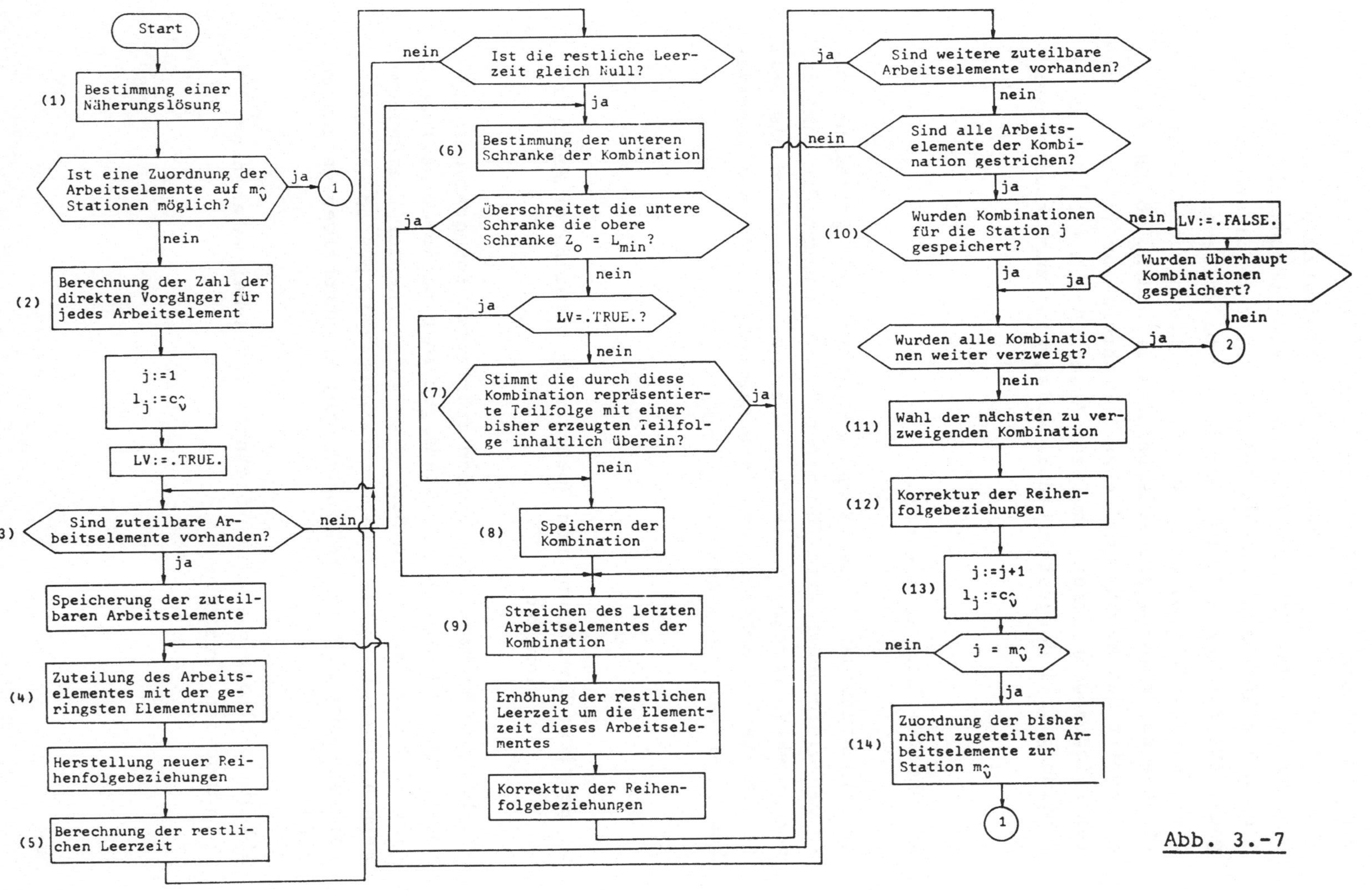

Start
(1)
Bestimmung einer Näherungslösung
Ist eine Zuordnung der Arbeitselemente auf m^ν Stationen möglich?
ja
1
nein
(2)
Berechnung der Zahl der direkten Vorgänger für jedes Arbeitselement
j:=1
l_j:=c^ν
LV:=.TRUE.
(3)
Sind zuteilbare Arbeitselemente vorhanden?
nein
ja
Speicherung der zuteilbaren Arbeitselemente
(4)
Zuteilung des Arbeitselementes mit der geringsten Elementnummer
Herstellung neuer Reihenfolgebeziehungen
(5)
Berechnung der restlichen Leerzeit
nein
Ist die restliche Leerzeit gleich Null?
ja
(6)
Bestimmung der unteren Schranke der Kombination
ja
Überschreitet die untere Schranke die obere Schranke Z_o = L_min?
nein
ja
LV=.TRUE.?
nein
(7)
Stimmt die durch diese Kombination repräsentierte Teilfolge mit einer bisher erzeugten Teilfolge inhaltlich überein?
ja
nein
(8)
Speichern der Kombination
(9)
Streichen des letzten Arbeitselementes der Kombination
Erhöhung der restlichen Leerzeit um die Elementzeit dieses Arbeitselementes
Korrektur der Reihenfolgebeziehungen
ja
Sind weitere zuteilbare Arbeitselemente vorhanden?
nein
nein
Sind alle Arbeitselemente der Kombination gestrichen?
ja
(10)
Wurden Kombinationen für die Station j gespeichert?
nein
LV:=.FALSE.
Wurden überhaupt Kombinationen gespeichert?
ja
ja
nein
Wurden alle Kombinationen weiter verzweigt?
ja
2
nein
(11)
Wahl der nächsten zu verzweigenden Kombination
(12)
Korrektur der Reihenfolgebeziehungen
(13)
j:=j+1
l_j:=c^ν
nein
j = m^ν ?
ja
(14)
Zuordnung der bisher nicht zugeteilten Arbeitselemente zur Station m^ν
1

Abb. 3.-7

die theoretisch minimale Gesamtleerzeit (3.29) übersteigt. In diesem Fall ist bereits während des Abstimmungsprozesses erkennbar, daß das Näherungsverfahren keine Lösung mit $m_{\hat{\nu}}$ Stationen liefern kann, und es folgt Schritt 2. Lassen sich dagegen für die Taktzeit $c_{\hat{\nu}}$ sämtliche Arbeitselemente auf $m_{\hat{\nu}}$ Stationen verteilen, ist die optimale Lösung des klassischen Fließbandabstimmungsproblems bereits gefunden, so daß zum 5. Schritt des kombinatorischen Verfahrens zur interdependenten Fließbandabstimmung bzw. zum Anschlußpunkt (1) des in Abbildung 3.-1 dargestellten Flußdiagramms zurückzuspringen ist.

2. Schritt: Initialisierung

Zur Beachtung der in der Vorgängermatrix $A_V(\xi)$ gespeicherten Vorrangbedingungen wird für jedes Arbeitselement die Zahl seiner direkten Vorgänger bestimmt. Darüber hinaus wird die erste Arbeitsstation eröffnet und ihre Leerzeit gleich der vorgegebenen Taktzeit $c_{\hat{\nu}}$ gesetzt.

3. Schritt: Ermittlung und Speicherung zuteilbarer Arbeitselemente

Wie bei der Mehrzahl der bisher erörterten Enumerationsverfahren sind nur solche vollständigen Kombinationen relevant, deren Arbeitselemente in der Folge aufsteigender Elementnummern angeordnet sind. Daher ist zunächst zu prüfen, ob Arbeitselemente mit den folgenden drei Eigenschaften vorhanden sind:

(1) Die Zahl der direkten Vorgänger des Arbeitselementes nimmt den Wert 0 an.

(2) Die Elementzeit des Arbeitselementes ist kleiner oder gleich der restlichen Leerzeit.

(3) Die Elementnummer des Arbeitselementes ist größer als die des letzten Arbeitselementes der Kombination, sofern die Kombination bereits aus mindestens einem Arbeitselement besteht.

Sind solche auch hinsichtlich der Vorrangbedingungen und der Taktzeit zulässigen Arbeitselemente nicht vorhanden, folgt Schritt 6. Andernfalls werden diese sogenannten zuteilbaren Arbeitselemente in der Folge aufsteigender Elementnummern gespeichert. Die auf diese Weise entstehende Matrix der zuteilbaren Arbeitselemente entspricht einem Entscheidungsbaum, dessen Knoten die jeweils zuteilbaren Arbeitselemente repräsentieren.

4. Schritt: Zuteilung des Arbeitselementes mit der kleinsten Elementnummer

Von allen zuteilbaren Arbeitselementen wird dasjenige mit der kleinsten Elementnummer gewählt und der im Aufbau befindlichen vollständigen Kombination als nächstes Arbeitselement zugeteilt. Anschließend wird für die direkten Nachfolger des zugeteilten Arbeitselementes die Anzahl der direkten Vorgänger um jeweils 1 reduziert.

5. Schritt: Berechnung der restlichen Leerzeit

Die restliche Leerzeit wird durch Subtraktion der Elementzeit des zugeteilten Arbeitselementes von der bisherigen Leerzeit der Station ermittelt. Ist sie gleich Null, folgt Schritt 6, andernfalls Schritt 3.

6. Schritt: Vergleich der unteren Schranke der Kombination mit der oberen Schranke

Der auf diese Weise gebildeten vollständigen Kombination wird als untere Schranke die Leerzeit der bisher aufgebauten Teilfolge zugeordnet. Als obere Schranke Z_o wird im Gegensatz zu JAESCHKE die theoretisch minimale Gesamtleerzeit (3.29) für die Taktzeit $c_{\hat{\nu}}$ und die zugehörige theoretisch minimale Zahl von $m_{\hat{\nu}}$ Stationen vorgegeben. Überschreitet die untere Schranke der Kombination, die im Falle der ersten Station der Leerzeit dieser Kombination entspricht, die obere Schranke, folgt Schritt 9, andernfalls Schritt 7. Dadurch werden von vornherein nur solche Kombinationen gespeichert, deren untere Schranken die obere Schranke $Z_o = L_{min}$ nicht übersteigen.

7. Schritt: Vergleich von Teilfolgen für die gleiche Zahl der Stationen

Konnte im Laufe des Enumerationsprozesses für jede der betrachteten Arbeitsstationen mindestens eine Kombination gespeichert werden, wird das Verfahren mit Schritt 8 fortgesetzt [1]. Andernfalls ist die durch die zuletzt gebildete Kombination repräsentierte Teilfolge mit den bisher erzeugten Teilfolgen, die die gleiche Zahl der Stationen erfordern, zu vergleichen. Denn es ist wie bei dem Enumerationsverfahren von JACKSON nur die Kombination zu speichern, deren zugehörige Teilfolge sich von den bisher aufgebauten Teilfolgen für die gleiche Zahl der Stationen inhaltlich unterscheidet. Enthält die durch die zuletzt gebildete Kombination repräsentierte Teilfolge die gleichen Arbeitselemente - wenn auch in unterschiedlicher Anordnung - wie eine der bisher erzeugten Teilfolgen für die gleiche Zahl der Stationen, folgt Schritt 9, andernfalls Schritt 8.

---

1) Zu dieser Programmverzweigung dient die logische Variable LV (vgl. das Flußdiagramm, Abbildung 3.-7). Diese Variable kann, da das Verfahren in FORTRAN IV programmiert ist, nur die Werte .TRUE. oder .FALSE. annehmen.

8. Schritt: Speicherung der Kombination

Die gebildete vollständige Kombination wird in einer Matrix gespeichert, in der die erste Spalte eine Kennzeichnung darüber enthält, ob die Kombination bereits weiter verzweigt wurde. In den Spalten 2 bis 5 werden die untere Schranke, die der Kombination entsprechende Arbeitsstation, die Nummer der zur Teilfolge gehörenden vorhergehenden Kombination sowie die Zahl der Arbeitselemente dieser Kombination gespeichert. Die folgenden Spalten nehmen schließlich die Arbeitselemente selbst auf.

9. Schritt: Zerstörung der letzten Kombination

Das letzte Arbeitselement der zuletzt gebildeten Kombination wird gestrichen, und die restliche Leerzeit wird um die Elementzeit dieses Arbeitselementes erhöht. Anschließend werden die Reihenfolgebeziehungen korrigiert, indem für die direkten Nachfolger des gestrichenen Arbeitselementes die Anzahl der direkten Vorgänger um jeweils 1 erhöht wird. Sind weitere zuteilbare Arbeitselemente vorhanden, wird das Verfahren mit Schritt 4 fortgesetzt. Andernfalls ist zu prüfen, ob bereits sämtliche Arbeitselemente der Kombination gestrichen sind. Ist dies der Fall, folgt Schritt 10, andernfalls wird Schritt 9 wiederholt.

10. Schritt: Überprüfung auf gespeicherte Kombinationen

Konnte im Laufe des Enumerationsprozesses überhaupt keine Kombination gespeichert werden, ist eine Zuordnung der Arbeitselemente auf die theoretisch minimale Zahl von $m_{\hat{\nu}}$ Stationen ausgeschlossen, und es ist zum 4. Schritt des kombinatorischen Verfahrens bzw. zum Anschlußpunkt (2) des in Abbildung 3.-1 dargestellten Flußdiagramms zurückzuspringen. Andernfalls folgt Schritt 11.

11. Schritt: Wahl der weiter zu verzweigenden Kombination

Die angestrebte theoretisch optimale Lösung ist auch dann nicht realisierbar, wenn sämtliche gespeicherten Kombinationen auf eine weitere Verzweigung untersucht worden sind. In diesem Fall ist wiederum zum 4. Schritt des kombinatorischen Verfahrens zurückzuspringen. Sind dagegen noch nicht alle gespeicherten Kombinationen weiter verzweigt worden, ist von diesen diejenige Kombination zu wählen, von der der Aufbau einer Teilfolge fortzusetzen ist. Innerhalb dieses Verfahrens wird dabei jeweils diejenige Kombination weiter verzweigt, die von den zuletzt gebildeten Kombinationen der gleichen Stufe des Entscheidungsbaumes die geringste untere Schranke aufweist. Eine Ausnahme von dieser Verzweigungsregel wird nur dann gemacht, wenn auf einer Stufe des Entscheidungsbaumes keine weiteren Kombinationen gebildet werden können. In diesem Fall wird zu der Kombination zurückgesprungen, die von allen bisher nicht verzweigten Kombinationen die geringste untere Schranke aufweist. Durch dieses Vorgehen wird ein schnelleres Vorwärtsschreiten im Entscheidungsbaum in Richtung auf die theoretisch minimale Zahl der Stationen als bei JAESCHKE angestrebt, der stets von der zuletzt genannten Vorschrift ausgeht.

12. Schritt: Korrektur der Reihenfolgebeziehungen

Für jedes Arbeitselement der in Schritt 11 gewählten Kombination sowie der gegebenenfalls vorhergehenden Kombinationen der Teilfolge werden - ausgehend von der ursprünglichen Zahl der direkten Vorgänger - die Reihenfolgebeziehungen korrigiert, indem für jedes dieser Arbeitselemente die Zahl der direkten Vorgänger um jeweils 1 reduziert wird.

13. Schritt: Eröffnung der nächsten Arbeitsstation

Es wird die nächste Arbeitsstation eröffnet und die Leerzeit gleich der vorgegebenen Taktzeit $c_{\hat{v}}$ gesetzt. Handelt es sich hierbei bereits um die Station $m_{\hat{v}}$, folgt Schritt 14, andernfalls wird die Enumeration der Kombinationen mit Schritt 3 fortgesetzt.

14. Schritt: Vervollständigung der Zuordnung

Der Arbeitsstation $m_{\hat{v}}$ werden die bisher nicht zugeteilten Arbeitselemente zugeordnet. Damit ist die optimale Lösung des klassischen Fließbandabstimmungsproblems gefunden, und das Verfahren wird mit einem Sprung zum 5. Schritt des kombinatorischen Verfahrens bzw. zum Anschlußpunkt (1) des in Abbildung 3.-1 dargestellten Flußdiagramms beendet.

Für das betrachtete klassische Fließbandabstimmungsproblem mit der vorgegebenen Taktzeit von 20 Sekunden führt bereits das Näherungsverfahren zur theoretisch minimalen Zahl von 3 Stationen. Bliebe dagegen diese Näherungslösung unberücksichtigt, ergäbe sich ein Entscheidungsbaum, der allein aus dem optimalen Zweig der Abbildung 3.-6 bestünde.

3.2.4. Heuristische Verfahren zur Lösung der klassischen Fließbandabstimmungsprobleme

Die für das klassische Fließbandabstimmungsproblem entwickelten heuristischen Verfahren werden in erster Linie auf solche Probleme angewendet, für die der zur exakten Lösung erforderliche Rechenaufwand nicht mehr vertretbar ist und/oder für die der Speicherbedarf die Kapazität der Datenverarbeitungsanlagen übersteigt. Darüber hinaus werden die heuristischen Verfahren - wie bereits in den vorhergehenden Abschnitten erwähnt wurde - einzelnen exakten Verfahren, wie den Ansätzen der Gruppe 1 der ganzzahligen linearen Programmierung und einzelnen Enumerationsverfahren, vorgeschaltet. In diesem Fall wird mit ihrer Hilfe entweder bereits die optimale Lösung des klassischen Fließbandabstimmungsproblems oder eine obere Schranke für dessen Zielfunktionswert bestimmt.

Als Teilprogramm des kombinatorischen Verfahrens zur interdependenten Fließbandabstimmung können alle diejenigen heuristischen Verfahren eingesetzt werden, die eine Minimierung der Zahl der Stationen bei gegebener Taktzeit anstreben. Aus der Vielzahl dieser Verfahren werden im folgenden die heuristischen Enumerationsverfahren und die Prioritätsregelverfahren untersucht [1].

---

1) Weitere hauptsächlich zur manuellen Fließbandabstimmung vorgesehene heuristische Verfahren wurden von KILBRIDGE und WESTER sowie von TONGE entwickelt; vgl. hierzu KILBRIDGE-WESTER -1961/1-, S. 294 ff.; KILBRIDGE-WESTER -1961/2-, S. 220 ff.; WESTER-KILBRIDGE -1962-; TONGE -1959-, S. 8 ff.; TONGE -1960/1-, S. 26 ff.; TONGE -1960/2-, S. 26 ff.; TONGE -1961-, S. 18 ff.; KLEIN -1971-, S. 140 ff.

3.2.4.1. Heuristische Enumerationsverfahren

Als heuristische Enumerationsverfahren werden im folgenden solche heuristischen Verfahren bezeichnet, die auf den exakten Verfahren mit einem streng parallel, streng sequentiell oder gemischt parallel und sequentiell organisierten Enumerationsprozeß aufbauen.

Das von HELD, KARP und SHARESHIAN [1] entwickelte heuristische Verfahren entspricht weitgehend ihrem exakten Verfahren, bei dem die Enumeration der Teilfolgen von Arbeitselementen für jede Stufe parallel organisiert ist [2]. Zur Reduzierung des Rechenaufwandes treten hier aber an die Stelle einzelner Arbeitselemente nach bestimmten Vorschriften gebildete Gruppen von Arbeitselementen. Dadurch ist nicht mehr die Reihenfolge einzelner Arbeitselemente, sondern nur noch die Reihenfolge verschiedener Gruppen von Arbeitselementen zu bestimmen, deren Zahl wesentlich geringer als die der Reihenfolgen einzelner Arbeitselemente ist. Allerdings wird für das auf diese Weise vereinfachte Verfahren nicht immer mit Sicherheit eine optimale Lösung gefunden, da durch das Zusammenfassen einzelner Arbeitselemente zu Gruppen von Arbeitselementen die Anordnung der Arbeitselemente beschränkt wird [3].

Ebenso wie die vorstehend genannten Verfasser hat auch MANSOOR [4] sein ursprünglich entwickeltes exaktes Verfahren [5] als heuristisches Verfahren ausgestaltet. Der Grundgedanke dieses Verfahrens, dessen Enumerationsprozeß wie beim exakten Verfahren streng sequentiell organisiert ist, besteht darin, mit Hilfe verschiedener heuristischer Regeln die Anzahl der aufzubauenden Teilfolgen zu verringern. Dieses geschieht

---

1) HELD-KARP-SHARESHIAN -1963-, S. 445 ff.; vgl. auch BUSSMANN et al. -1968-, S. 340 ff.

2) Vgl. Abschnitt 3.2.3.2.

3) Vgl. HAHN-LUTZ-ROSCHMANN -1968-, S. 93.

4) MANSOOR -1973-.

5) Vgl. Abschnitt 3.2.3.4.

zunächst dadurch, daß für jede Arbeitsstation die Zahl der vollständigen Kombinationen durch eine starre Obergrenze und eine maximal zulässige Leerzeit eingeschränkt wird. Die begrenzte Leerzeit verhindert, daß an den ersten Arbeitsstationen einer Teilfolge im Vergleich zur theoretisch minimalen Gesamtleerzeit bereits relativ hohe Leerzeiten anfallen, wodurch für die folgenden Stationen nur noch geringe Leerzeiten auftreten dürfen, was zur Folge hat, daß eine immer größere Zahl von Kombinationen zu bilden ist, bevor eine Kombination gefunden wird, deren untere Schranke kleiner oder gleich der oberen Schranke ist. Darüber hinaus wird die Zahl der Kombinationen und damit auch die Zahl der Teilfolgen für die jeweils vorhergehende Arbeitsstation beschränkt. Schließlich wird das Verfahren abgebrochen, sobald die Zahl der aufgebauten Teilfolgen eine vorgegebene Obergrenze überschreitet.

Neben den streng parallel und streng sequentiell organisierten Enumerationsverfahren lassen sich auch die Branch-and-Bound-Verfahren, die sowohl parallel als auch sequentiell vorgehen, als heuristische Verfahren anwenden. Die Grundidee des Verfahrens von HOFFMANN [1] besteht darin, anstatt des vollständigen Aufbaus des Entscheidungsbaumes durch Fortschreiten auf lediglich einem seiner Zweige möglichst schnell eine zulässige Lösung zu gewinnen [2]. Dazu werden für jede Arbeitsstation so lange verschiedene vollständige Kombinationen gebildet, bis entweder die Leerzeit einer Kombination gleich Null ist oder alle zulässigen Kombinationen für diese Station generiert sind. Anschließend werden die Arbeitselemente derjenigen Kombination, deren Leerzeit Null oder von allen Kombinationen dieser Station minimal ist, der betrachteten Arbeitsstation fest zugeteilt. Von dieser Zuordnung ausgehend wird das Verfahren für die folgenden Arbeitsstationen fortgesetzt, bis alle Arbeitselemente zugeordnet sind.

---

1) HOFFMANN -1963-.

2) Auf dem gleichen Prinzip basieren auch die von SALVESON (-1955-, S. 22 ff.) und NEVINS (-1972-, S. 532 ff.) vorgeschlagenen Verfahren.

Die auf diese Weise entstandene Reihenfolge aller Arbeitselemente stellt die Lösung des heuristischen Verfahrens dar. Für das betrachtete klassische Fließbandabstimmungsproblem stimmt der Entscheidungsbaum - abgesehen davon, daß den vollständigen Kombinationen nunmehr die Leerzeiten der durch sie repräsentierten Teilfolgen zugeordnet sind - mit dem der Abbildung 3.-5 überein.

Soll das Verfahren von HOFFMANN als Teilprogramm des kombinatorischen Verfahrens zur interdependenten Fließbandabstimmung eingesetzt werden, kann es zur Verkürzung des Rechenaufwandes abgebrochen werden, sobald zu erkennen ist, daß die im Aufbau befindliche Lösung für die Taktzeit $c_{\hat{\nu}}$ mehr als $m_{\hat{\nu}}$ Stationen erfordert. Dies ist wiederum der Fall, wenn die Summe der Leerzeiten der bisher aufgebauten Stationen (3.30) die theoretisch minimale Gesamtleerzeit (3.29) überschreitet. Darüber hinaus läßt sich der Speicherbedarf beträchtlich reduzieren, wenn die Reihenfolgebeziehungen anstatt der quadratischen Adjazenzmatrix $A^*(\mathcal{G})$ [1] in einer Vorgänger- oder Nachfolgermatrix [2] gespeichert werden.

3.2.4.2. Prioritätsregelverfahren

Bei den Prioritätsregelverfahren werden die Arbeitselemente den Arbeitsstationen sukzessiv mit Hilfe von Prioritätsregeln zugeordnet. Die Prioritätsregeln geben dabei an, in welcher Weise aus einer Menge von Arbeitselementen, die weder die Reihenfolgebedingungen verletzen noch die Taktzeit überschreiten, das als nächstes auszuführende Arbeitselement ausgewählt werden soll. Jedem dieser im folgenden als zuweisbar bezeichneten Arbeitselemente wird eine Prioritätsziffer zugeordnet und aus der Menge der zuweisbaren Arbeitselemente Ξ das

---

1) Vgl. HOFFMANN -1963-, S. 553 ff.

2) Vgl. Abschnitt 2.2.2.

Arbeitselement i^+ gewählt, für dessen Prioritätsziffer P_{i^+} gilt [1]:

$$P_{i^+} = \max \{P_i \mid i \in \Xi\}.$$

Das gewählte Arbeitselement wird der im Aufbau befindlichen Arbeitsstation fest zugeordnet, wodurch nur ein Zweig des Entscheidungsbaumes aufgebaut wird.

Die wichtigsten der in der Literatur vorgeschlagenen Prioritätsregeln orientieren sich, sofern die Auswahl des nächsten Arbeitselementes nicht zufällig erfolgt, an den Elementzeiten und der Anzahl sämtlicher Nachfolger oder der Anzahl direkter Nachfolger der Arbeitselemente [2]:

(1) Bei der MEZ-Regel (maximale Elementzeit) geben die Prioritätsziffern die Elementzeiten der zuweisbaren Arbeitselemente an:

$$P_i = t_i \qquad (i \in \Xi).$$

Dadurch besitzt jeweils das Arbeitselement die höchste Priorität, das von allen zuweisbaren Arbeitselementen die größte Elementzeit aufweist [3].

(2) Bei der MPG-Regel (maximales Positionsgewicht) werden den zuweisbaren Arbeitselementen deren Positionsgewichte als Prioritätsziffern zugeordnet. Das Positionsgewicht eines Arbeitselementes stellt dabei die Summe der eigenen Ele-

---

1) Durch Bildung der reziproken Werte oder durch Änderung der Vorzeichen der Prioritätsziffern können auch Prioritätsregeln berücksichtigt werden, die jeweils das Arbeitselement mit der geringsten Prioritätsziffer auswählen.

2) Ein Überblick über die Prioritätsregeln zur klassischen Fließbandabstimmung findet sich bei TONGE -1965-, S. 728 ff. Durch additive oder multiplikative Verknüpfung von Prioritätsziffern läßt sich eine beliebig große Zahl weiterer Prioritätsregeln bilden.

3) Vgl. MOODIE -1964-, S. 60 ff.; MOODIE-YOUNG -1965-.

mentzeit und der Elementzeiten aller nachfolgenden Arbeitselemente dar [1]. Bezeichnet Γ_i die Menge aller Nachfolger des Arbeitselementes i, gilt für die Prioritätsziffern der zuweisbaren Arbeitselemente:

$$P_i = t_i + \sum_{k \epsilon \Gamma_i} t_k \qquad (i \epsilon \Xi),$$

wodurch jeweils das Arbeitselement mit dem höchsten Positionsgewicht als nächstes ausgeführt wird.

(3) Bei der MRW-Regel (maximaler Rangwert) repräsentieren die Prioritätsziffern sogenannte Rangwerte der Arbeitselemente. Der Rangwert Ψ_i des Arbeitselementes i ergibt sich dabei als Summe seiner eigenen Elementzeit und der Rangwerte Ψ_k seiner direkten Nachfolger $k \epsilon \Gamma_i^d$, wobei Γ_i^d die Menge seiner direkten Nachfolger bezeichnet. Für die Prioritätsziffern der zuweisbaren Arbeitselemente gilt somit:

$$P_i = \Psi_i = t_i + \sum_{k \epsilon \Gamma_i^d} \Psi_k \qquad (i \epsilon \Xi).$$

Durch diese Wahl der Prioritätsziffern werden die Arbeitselemente den Arbeitsstationen in der Folge abnehmender Rangwerte zugeordnet [2].

Da zur Bestimmung der Rangwerte nur die direkten Nachfolger der Arbeitselemente betrachtet werden, ist der Vorranggraph nur einmal - und zwar rückwärts - zu durchlaufen. Dadurch ist der Arbeitsaufwand zur Berechnung der Prioritätsziffern wesentlich geringer als bei der MPG-Regel, bei der der Vorranggraph zur Ermittlung der Positionsgewichte für jedes Arbeitselement zu durchlaufen ist.

---

1) Vgl. HELGESON-BIRNIE -1961-; GLOVER-NORMAN -1965-, S. 30 ff.; HESKIAOFF -1968-, S. 11 ff. Modifikationen der MPG-Regel sind von KOSTEN (-1972-, S. 708 ff.) und STARR (-1971-, S. 158) vorgeschlagen worden. Zur praktischen Anwendung der MPG-Regel vgl. HARDECK-SCHÖNFELDER -1973-, S. 13 ff.; HARDECK -1974-, S. B 240 ff.

2) Vgl. HAHN -1972-, S. 46.

(4) Bei der MZAN-Regel (maximale Zahl aller Nachfolger) geben die Prioritätsziffern die Anzahl sämtlicher Nachfolger der zuweisbaren Arbeitselemente $i \varepsilon \Xi$ und damit die Mächtigkeit $|\Gamma_i|$ der Mengen Γ_i an:

$$P_i = |\Gamma_i| \qquad (i \varepsilon \Xi).$$

Dadurch besitzt jeweils das Arbeitselement die höchste Priorität, das die größte Zahl aller Nachfolger besitzt [1].

(5) Ebenfalls unberücksichtigt bleiben die Elementzeiten bei der MZDN-Regel (maximale Zahl direkter Nachfolger). Bei dieser Prioritätsregel werden den zuweisbaren Arbeitselementen $i \varepsilon \Xi$ deren Zahl direkter Nachfolger und damit die Mächtigkeit $|\Gamma_i^d|$ der Mengen Γ_i^d als Prioritätsziffern zugeordnet:

$$P_i = |\Gamma_i^d| \qquad (i \varepsilon \Xi).$$

Als nächstes Arbeitselement wird dadurch dasjenige ausgeführt, das von allen zuweisbaren Arbeitselementen die meisten direkten Nachfolger besitzt [2].

Die mit diesen Prioritätsregeln arbeitenden Verfahren weisen bis auf die Auswahl des jeweils nächsten Arbeitselementes, d.h. bis auf die Prioritätsregel, die gleiche Struktur auf [3]. Diese Verfahren können deshalb als Teilprogramm des kombinatorischen Verfahrens zur interdependenten Fließbandabstimmung an der folgenden gemeinsamen Schrittfolge dargestellt werden:

---

1) Vgl. MUKHERJEE-BASU -1963-, S. 285.

2) Vgl. TONGE -1965-, S. 728.

3) Vgl. MOODIE -1964- (Phase I); HELGESON-BIRNIE -1961-; HAHN -1972-; KOSTEN -1972-; STARR -1971-; HESKIAOFF -1968-. Phase II des Verfahrens von MOODIE, bei der ein Verschieben und Tausch von Arbeitselementen vorgenommen wird, um bei gegebener Zahl der Arbeitsstationen die Taktzeit zu minimieren, ist identisch mit dem Verfahren von BRYTON (-1954-).

(1) Berechne für jedes Arbeitselement die Zahl seiner direkten Vorgänger.

(2) Bestimme die Prioritätsziffern, sofern die MPG-, MRW-, MZAN- oder MZDN-Regel zugrunde gelegt wird.

(3) Eröffne die erste Arbeitsstation, d.h. setze $j: = 1$ und Leerzeit $l_j: = c_{\hat{\nu}}$.

(4) Sind Arbeitselemente vorhanden, deren Zahl der direkten Vorgänger den Wert Null hat [1] und deren Elementzeit die Leerzeit l_j nicht überschreitet, gehe nach (5), andernfalls nach (13).

(5) Weisen mehrere zuweisbare Arbeitselemente die gleiche Prioritätsziffer auf, gehe nach (6), andernfalls nach (7).

(6) Bestimme das zuzuordnende Arbeitselement i^+ mit Hilfe einer weiteren Prioritätsregel und gehe nach (8).

(7) Wähle von den zuweisbaren Arbeitselementen gemäß der zugrunde gelegten Prioritätsregel das Arbeitselement mit der höchsten Priorität, das Arbeitselement i^+.

(8) Ordne das gewählte Arbeitselement i^+ der Station j zu.

(9) Sind sämtliche I Arbeitselemente zugeteilt, gehe nach (16), andernfalls nach (10).

(10) Reduziere für die direkten Nachfolger des zugeteilten Arbeitselementes i^+ die Anzahl der direkten Vorgänger um 1.

(11) Setze $l_j: = l_j - t_{i^+}$.

(12) Falls $l_j = 0$, gehe nach (13), andernfalls nach (4).

---

1) Die Zahl der direkten Vorgänger eines Arbeitselementes ist gleich Null, wenn das Arbeitselement keine Vorgänger besitzt oder wenn dessen direkte Vorgänger bereits zugeteilt sind.

(13) Überschreitet die kumulierte Leerzeit der bisher aufgebauten Stationen (3.30) die theoretisch minimale Gesamtleerzeit (3.29), gehe nach (15), andernfalls nach (14).

(14) Eröffne die nächste Arbeitsstation, d.h. setze $j := j + 1$ sowie $l_j := c_{\hat{\nu}}$ und gehe nach (4).

(15) Springe zum 4. Schritt des kombinatorischen Verfahrens zur interdependenten Fließbandabstimmung.

(16) Springe zum 5. Schritt des kombinatorischen Verfahrens.

Zu besseren Ergebnissen als die oben dargestellten Verfahren führt mitunter eine rückwärtige Abstimmung des Fließbandes [1). Hierbei wird die Richtung der Kanten im Vorranggraphen umgekehrt und anschließend mit der Zuteilung beim letzten Arbeitselement begonnen.

Während sich bei den bisher diskutierten Prioritätsregelverfahren nur eine einzige Lösung des klassischen Fließbandabstimmungsproblems ergibt, werden bei den folgenden Verfahren mehrere Abstimmungen mit dem Ziel durchgeführt, eine bessere Lösung als bei einmaliger Anwendung der Prioritätsregel zu gewinnen. Diese Verfahren lassen sich danach unterscheiden, ob zur Erzeugung der verschiedenen Lösungen das als nächstes auszuführende Arbeitselement

(1) direkt zufällig gewählt wird oder

(2) über die zufällige Wahl einer Prioritätsregel bestimmt wird.

---

1) Dieses Vorgehen wurde erstmals von HELGESON und BIRNIE vorgeschlagen; vgl. HELGESON-BIRNIE -1961-, S. 397 f.

Der ersten Gruppe gehört das Verfahren von ARCUS [1] an. Bei diesem Verfahren wird jedem zuweisbaren Arbeitselement eine Wahrscheinlichkeit zugeordnet, die entweder für alle zuweisbaren Arbeitselemente gleich hoch ist oder von Faktoren wie beispielsweise der Elementzeit oder der Zahl der Nachfolger des Arbeitselementes abhängt. Anschließend wird das nächste zuzuordnende Arbeitselement zufällig entsprechend seiner Wahrscheinlichkeit bestimmt. Mit Hilfe dieser Zufallsauswahl werden mehrere Abstimmungen durchgeführt, wobei die zuletzt gefundene Lösung - mit Ausnahme der ersten - jeweils mit der bisher besten verglichen wird. Ist bei der neuen Abstimmung die Zahl der Stationen oder die Gesamtleerzeit kleiner als bei den vorhergehenden Abstimmungen, wird die zuletzt gefundene Zuordnung gespeichert und daraufhin ein neuer Abstimmungslauf begonnen. Andernfalls wird auf eine Speicherung verzichtet und sofort von neuem abgestimmt. Ist die vorgegebene Zahl der Abstimmungen erreicht, stellt die zuletzt gespeicherte Lösung die bisher beste Lösung des klassischen Fließbandabstimmungsproblems dar.

Häufig kann das Verfahren bereits dann beendet werden, wenn die Zahl der Stationen oder die Gesamtleerzeit mit der theoretisch minimalen Zahl der Stationen oder der theoretisch minimalen Gesamtleerzeit übereinstimmt. In diesem Fall stellt die Zuordnung der Arbeitselemente auf die theoretisch minimale Zahl der Stationen die optimale Lösung des klassischen Fließbandabstimmungsproblems und in Verbindung mit der vorgegebenen Taktzeit zugleich die optimale Lösung des Problems der interdependenten Fließbandabstimmung dar. Schließlich kann zur weiteren Reduzierung des Rechenaufwandes der jeweils begonnene Abstimmungslauf abgebrochen werden, sobald zu erkennen ist, daß die im Aufbau befindliche Lösung weder zu einer besseren als die bisher beste Lösung noch zur theoretisch optimalen Lösung führen kann. Das ist der Fall, wenn die kumulierte Leerzeit der bisher aufgebauten Stationen (3.30) größer oder

1) ARCUS -1963-, S. 31 ff.; ARCUS -1966-; vgl. auch BUFFA -1968-, S. 247 ff.

gleich der bisher geringsten Gesamtleerzeit ist bzw. die theoretisch minimale Gesamtleerzeit (3.29) überschreitet.

Bei dem zur Gruppe (2) zählenden Verfahren von TONGE [1] werden mehrere Prioritätsregeln miteinander kombiniert. Dazu wird jeder verwendeten Prioritätsregel zu Beginn des Verfahrens die gleiche Wahrscheinlichkeit zugeordnet [2]. Anschließend wird jeweils eine der Prioritätsregeln zufällig entsprechend ihrer Wahrscheinlichkeit gewählt und mit ihr das als nächstes zuzuordnende Arbeitselement bestimmt. Mit Hilfe dieser indirekten Zufallsauswahl des nächsten Arbeitselementes werden wie beim Verfahren von ARCUS mehrere Abstimmungen durchgeführt, bis entweder eine Abstimmung mit der theoretisch minimalen Zahl der Stationen bzw. der theoretisch minimalen Gesamtleerzeit gefunden oder die vorgegebene Zahl der Abstimmungsläufe erreicht ist. Während des Abstimmungsprozesses sind die den Prioritätsregeln zugeordneten Wahrscheinlichkeiten nicht immer konstant, sondern hängen von der Qualität der jeweils vorhergehenden Lösung ab. Liefert ein Abstimmungslauf eine bessere Lösung als die bisherigen Abstimmungen, wird der häufiger verwendeten Prioritätsregel eine höhere Wahrscheinlichkeit zugeordnet. Werden dagegen mehr Stationen benötigt oder fällt eine höhere Gesamtleerzeit an, wird die Wahrscheinlichkeit der betreffenden Regel entsprechend verringert. In diesem Lernprozeß wird somit die vorteilhafteste Prioritätsregel über die Höhe der "Zugriffswahrscheinlichkeiten" begünstigt [3].

---

1) TONGE -1965-.

2) TONGE (-1965-, S. 730 ff.) kombiniert die MEZ- und die MZDN-Regel miteinander und ordnet jeder Regel zunächst die Wahrscheinlichkeit 0,50 zu. Ebenso können auch beliebig andere Prioritätsregeln verwendet werden.

3) Vgl. BUSSMANN et al. -1968-, S. 329.

3.2.5. Numerische Erfahrungen

Nach der Darstellung des kombinatorischen Verfahrens und der als dessen Teilprogramm verwendbaren Ansätze zur klassischen Fließbandabstimmung soll in diesem Abschnitt über die numerischen Erfahrungen berichtet werden, die mit dem kombinatorischen Verfahren in Verbindung mit einzelnen klassischen Fließbandabstimmungsverfahren gewonnen wurden. Da die Effizienz des kombinatorischen Verfahrens in hohem Maße von dem eingesetzten Lösungsverfahren zur klassischen Fließbandabstimmung bestimmt wird, werden zunächst die in früheren Untersuchungen mit den klassischen Fließbandabstimmungsverfahren erzielten Rechenerfahrungen auf ihre Aussagefähigkeit hin überprüft.

3.2.5.1. Bisherige Rechenerfahrungen

Numerische Erfahrungen mit einzelnen ganzzahligen linearen Programmierungsmodellen zur klassischen Fließbandabstimmung haben THANGAVELU sowie ASHOUR und CHAR [1] gewonnen. Besonders unbefriedigend sind hiervon die Rechenergebnisse, die ASHOUR und CHAR [2] für das zweite Modell von BOWMAN mit dem Verfahren der pseudo-booleschen Programmierung von HAMMER und RUDEANU sowie mit dem Verfahren von SALKIN und SPIELBERG [3] erzielt haben. Während zur Lösung von 10 Abstimmungsproblemen mit nur jeweils 4 Arbeitselementen rund 1 bis 18 Minuten Rechenzeit (IBM 360/50) für das Verfahren von SALKIN und SPIELBERG benötigt wurden, konnte mit dem Verfahren von HAMMER und RUDEANU innerhalb von 15 Minuten die optimale Lösung nicht erzielt werden. Wesentlich günstiger sind die Rechenerfahrungen, die THANGAVELU mit dem von ihm weiterentwickelten Modell von WHITE gewonnen hat. Dieses Modell, das von allen Ansätzen

---

1) THANGAVELU -1969-, S. 42 ff.; ASHOUR-CHAR -1970-, S. 78 ff.

2) ASHOUR-CHAR -1970-, S. 102.

3) HAMMER-RUDEANU -1969-; SALKIN-SPIELBERG -1968-.

der ganzzahligen linearen Programmierung die geringste Zahl der Variablen und Nebenbedingungen aufweist, hat THANGAVELU für mehrere, zwischen 7 und 45 Arbeitselemente [1] umfassende Abstimmungsprobleme mit dem Verfahren der impliziten Enumeration von GEOFFRION [2] gerechnet. Obwohl dieses Verfahren aufgrund der speziellen Struktur des klassischen Fließbandabstimmungsproblems erheblich vereinfacht werden konnte, stiegen jedoch die Rechenzeiten (ohne Ein- und Ausgabe) bereits für diese relativ kleinen Probleme exponentiell [3] an, so daß der Rechenaufwand für praktisch relevante Probleme nicht mehr vertretbar sein wird.

Ebenfalls unbefriedigend sind die numerischen Erfahrungen, die GUTJAHR und NEMHAUSER mit dem von ihnen entwickelten graphentheoretischen Lösungsansatz gewonnen haben. Zum einen zeigen die erzielten Rechenergebnisse, daß mit wachsender Problemgröße die Anzahl der zulässigen Teilmengen und die Rechenzeit exponentiell zunimmt [4]. Zum anderen erfordern die in der ersten Phase erzeugten zulässigen Teilmengen und die in der zweiten Phase eingeführten Kanten einen derart hohen Speicherplatz, daß es bereits bei relativ kleinen Problemen zum Speicherüberlauf kommt [5]. Dies gilt auch für die von MANSOOR und BUSSMANN et al. [6] vorgeschlagenen Modifikationen, obwohl in der zweiten Phase dieser Verfahren erheblich weniger Kanten zu speichern sind.

---

1) Probleme mit mehr als 45 Arbeitselementen konnten nicht gelöst werden, da der für diese Größenordnungen erforderliche Speicherbedarf die Kernspeicherkapazität der UNIVAC 1108 überschreitet.

2) GEOFFRION -1967-.

3) Die Rechenzeiten erhöhen sich für die Probleme mit 7 bis 45 Arbeitselementen um rund das Zweihundertfache; vgl. THANGAVELU -1969-, S. 44; THANGAVELU-SHETTY -1971-, S. 67.

4) Vgl. GUTJAHR-NEMHAUSER -1964-, S. 314.

5) Vgl. BUSSMANN et al. -1968-, S. 345; MANSOOR -1967-, S. 250.

6) MANSOOR -1967-, S. 250 ff.; BUSSMANN et al. -1968-, S. 345 ff.

Die meisten der weiteren in dieser Arbeit diskutierten Verfahren zur klassischen Fließbandabstimmung wurden von TONGE, MASTOR, BUSSMANN et al., HAHN, NEVINS sowie von GEHRLEIN und PATTERSON [1] auf ihre Effizienz getestet. Bis auf den Verfahrensvergleich von MASTOR stützen sich diese numerischen Untersuchungen jedoch auf eine zu geringe Zahl unterschiedlicher Testprobleme [2]. Darüber hinaus sind die von BUSSMANN et al. erzielten Ergebnisse [3] nicht auf die in dieser Arbeit dargestellten Verfahren übertragbar, da bei einzelnen der von ihnen getesteten Verfahren in einer ersten Phase die erforderliche Zahl der Stationen bestimmt und hierfür in einer zweiten Phase eine Minimierung der Taktzeit angestrebt wird.

MASTOR bezieht dagegen in seine vergleichende Untersuchung [4] eine wesentlich größere Zahl von Testproblemen ein. Diese Probleme unterscheiden sich hinsichtlich der Anzahl der Arbeitselemente, der Zahl der Arbeitsstationen und der durch den Quotienten aus effektiver und möglicher Zahl der Reihenfolgebeziehungen definierten Vorrangstrenge [5]. Bezeichnet R^* die Zahl der effektiven Reihenfolgebeziehungen, die sowohl die direkten als auch die indirekten Vorrangbedingungen umfaßt,

---

1) TONGE -1965-, S. 732 ff.; MASTOR -1966-, S. 54 ff.; BUSSMANN et al. -1968-, S. 353 ff.; HAHN -1972-, S. 42 ff.; NEVINS -1972-, S. 536 ff.; GEHRLEIN-PATTERSON -1975-, S. 1065 ff.

2) Während TONGE, BUSSMANN et al., NEVINS sowie GEHRLEIN und PATTERSON maximal vier verschiedene Testprobleme mit teilweise unterschiedlichen Taktzeiten lösen, basieren die Rechenerfahrungen von HAHN auf lediglich drei verschiedenen Problemen mit jeweils einer vorgegebenen Taktzeit.

3) Vgl. hierzu auch BUSSMANN -1969-, S. 247 ff.

4) Vgl. hierzu auch MASTOR -1970-, S. 734 ff.; BUFFA -1968-, S. 252 ff.

5) Es handelt sich dabei um 20 Probleme mit jeweils 40 Arbeitselementen, 10 Probleme mit jeweils 20 Arbeitselementen und 5 der Praxis entstammende Probleme mit 21 bis 111 Arbeitselementen. Die Zahl der Stationen variiert für die 40-Arbeitselement-Probleme zwischen 4 und 15 und für die 20-Arbeitselement-Probleme zwischen 3 und 12, während die Vorrangstrenge jeweils 0,25, 0,50 oder 0,75 beträgt. Insgesamt werden also 720 Probleme mit 40 Arbeitselementen und 300 Probleme mit 20 Arbeitselementen gerechnet.

und berücksichtigt man, daß für ein Abstimmungsproblem mit I Arbeitselementen I(I - 1)/2 derartige Reihenfolgebeziehungen möglich sind, gilt für die Vorrangstrenge:

$$\rho = \frac{2 \cdot R^*}{I(I - 1)} .$$

Für jedes zugrunde gelegte Problem wird die Zahl der Stationen fest vorgegeben und hierfür eine Minimierung der Taktzeit angestrebt. Lassen sich die Arbeitselemente für die theoretisch minimale Taktzeit auf die vorgegebene Zahl der Stationen verteilen, ist die optimale Lösung bereits gefunden. Andernfalls ist die Taktzeit schrittweise so lange zu erhöhen, bis sich eine Abstimmung mit der vorgegebenen Zahl der Stationen realisieren läßt. Auf diese Weise wird die zweite Version des klassischen Fließbandabstimmungsproblems - Zielsetzung ist die Minimierung der Taktzeit bei vorgegebener Zahl der Stationen - auf die erste Version zurückgeführt, die eine Minimierung der Zahl der Stationen bei vorgegebener Taktzeit anstrebt.

Trotz der großen Zahl der untersuchten klassischen Fließbandabstimmungsprobleme und der für alle getesteten Verfahren einheitlichen Zielsetzung reichen auch die von MASTOR gewonnenen Rechenerfahrungen für die Wahl des klassischen Fließbandabstimmungsverfahrens, bei dessen Einsatz das kombinatorische Verfahren zur interdependenten Fließbandabstimmung die besten Ergebnisse liefert, aus folgenden Gründen nicht aus:

(1) Von den in dieser Arbeit untersuchten Lösungsverfahren zur klassischen Fließbandabstimmung werden nur die bis zum Jahre 1963 entwickelten Verfahren getestet [1]. Unberücksichtigt bleiben somit insbesondere die auf der

---

1) Hierbei handelt es sich um die Verfahren von HELD-KARP-SHARESHIAN, JACKSON, HOFFMANN, die MEZ-, MPG- und MZDN-Regel sowie das Verfahren von ARCUS. Daneben untersucht MASTOR (-1966-, S. 34 ff.) eine Variante des Verfahrens von KILBRIDGE-WESTER und als weitere Prioritätsregel die lexikographische Regel.

sequentiellen Enumeration beruhenden Verfahren von MERTENS und von MOWER sowie die Branch-and-Bound-Verfahren.

(2) Außer den fünf der Praxis entstammenden Problemen werden mit den 20- und 40-Arbeitselement-Problemen nur Testprobleme mit einer für die Praxis nicht typischen Größenordnung gerechnet.

3.2.5.2. Auswahl der getesteten Verfahren

Im folgenden soll daher ein Verfahrensvergleich durchgeführt werden, bei dem auch die ab 1964 entwickelten Ansätze zur klassischen Fließbandabstimmung untersucht und die Verfahren auch an Problemen praxisrelevanter Größenordnungen getestet werden. In diesen Verfahrensvergleich werden jedoch von den exakten Verfahren zur klassischen Fließbandabstimmung nur die sequentiell organisierten Enumerationsverfahren von MERTENS und von MOWER sowie das oben entwickelte Branch-and-Bound-Verfahren und von den heuristischen Methoden neben den fünf auf Prioritätsregeln basierenden Verfahren stellvertretend für die heuristischen Enumerationsverfahren das weiterentwickelte Verfahren von HOFFMANN einbezogen. Für diese Einschränkung auf die neun genannten Verfahren sind insbesondere die folgenden Gründe maßgebend:

(1) Wie bereits in Abschnitt 3.2.5.1. dargestellt wurde, haben THANGAVELU sowie ASHOUR und CHAR mit einzelnen Modellen der ganzzahligen linearen Programmierung, nämlich dem weiterentwickelten Ansatz von WHITE und dem zweiten Modell von BOWMAN, unbefriedigende Rechenerfahrungen gewonnen. Darüber hinaus sind die meisten Verfahren zur Lösung binärer Optimierungsprobleme Branch-and-Bound-Verfahren [1], die man -

1) Vgl. hierzu u.a. LÜDER -1969-; KORTE -1971-; BURKARD -1972-; GARFINKEL-NEMHAUSER -1972-; GEOFFRION-MARSTEN -1972-; GARFINKEL-NEMHAUSER -1973-.

in der Hoffnung auf eine höhere Effizienz - auch direkt auf das klassische Fließbandabstimmungsproblem anwenden kann [1].

(2) Obwohl beim Verfahren von HELD, KARP und SHARESHIAN nur die zulässigen Teilmengen, deren Anzahl wesentlich geringer als die der zulässigen Teilfolgen ist, sowie deren Zeiten $\zeta^*(S)$ zu speichern sind [2], ist bei diesem Verfahren ein größerer Speicherplatz als bei den streng sequentiell sowie den gemischt parallel und sequentiell organisierten Enumerationsverfahren erforderlich, da die Zahl der zulässigen Teilmengen wesentlich größer als die Zahl der vollständigen Kombinationen ist.

(3) Ebenfalls unbefriedigende Rechenergebnisse [3] haben GUTJAHR und NEMHAUSER mit dem von ihnen entwickelten graphentheoretischen Lösungsansatz gewonnen, obwohl die zulässigen Teilmengen unabhängig von der Taktzeit und somit bei mehrmaligen Abstimmungen im Rahmen des kombinatorischen Verfahrens nicht erneut zu generieren sind.

(4) Der Nachteil des Enumerationsverfahrens von JACKSON besteht darin, daß zunächst alle vollständigen Kombinationen der ersten j - 1 ($j \geqq 2$) Stationen erzeugt werden müssen, bevor eine Kombination der j-ten Station gebildet werden kann [4]. Dadurch ist trotz des Ausscheidens von Kombinationen eine derart große Zahl von Kombinationen zu enumerieren, daß die Anwendung dieses Verfahrens auf solche praktischen Probleme beschränkt ist, bei denen die Zahl der Kombinationen aufgrund von Zonenbeschränkungen [5] sehr stark

---

1) Vgl. die Branch-and-Bound-Verfahren in Abschnitt 3.2.3.4.

2) Vgl. auch IGNALL -1965-, S. 248; BUSSMANN et al. -1968-, S. 338.

3) Vgl. hierzu Abschnitt 3.2.5.1.

4) Vgl. auch NEVINS -1972-, S. 531.

5) Vgl. hierzu die auf dem Verfahren von JACKSON basierenden Ansätze zur Berücksichtigung von Zonenbeschränkungen von MITCHELL (-1957-) und BURGESON-DAUM (-1958-).

reduziert werden kann. Dagegen sollen die Verfahren von MANSOOR und von JAESCHKE beim Verfahrensvergleich unberücksichtigt bleiben, weil das Verfahren von MANSOOR weitgehend mit dem von MOWER identisch ist und das Verfahren von JAESCHKE von dem oben entwickelten Branch-and-Bound-Verfahren dominiert wird.

(5) Bei den Prioritätsregelverfahren von ARCUS und von TONGE liefern häufig mehrere Abstimmungen die gleichen Lösungen. Denn einerseits können mehrere gleiche Reihenfolgen aller Arbeitselemente erzeugt werden, andererseits können verschiedene Reihenfolgen zu inhaltlich gleichen vollständigen Kombinationen führen [1].

3.2.5.3. Zugrunde gelegte Abstimmungsprobleme

Das kombinatorische Verfahren zur interdependenten Fließbandabstimmung wurde mit jeweils einem der neun ausgewählten klassischen Fließbandabstimmungsverfahren an 450 Abstimmungsproblemen getestet. Diese Probleme wurden mit Hilfe gleichverteilter Zufallszahlen erzeugt und unterscheiden sich in erster Linie hinsichtlich der Zahl der Arbeitselemente sowie der Anzahl und Struktur der Reihenfolgebedingungen. Untersucht wurden 150 kleine Abstimmungsprobleme mit 10 bis 50 Arbeitselementen, eine gleiche Zahl von Problemen mittlerer Größe mit 51 bis 100 Arbeitselementen sowie ebenfalls 150 größere Probleme mit 101 bis 150 Arbeitselementen. Die jeweils

1) Vgl. auch IGNALL -1965-, S. 250.

150 Probleme einer Größenordnung unterscheiden sich weiterhin durch die Zahl und Struktur der Reihenfolgebedingungen, für deren Maß analog zu den numerischen Untersuchungen von MASTOR die Vorrangstrenge ρ verwendet werden soll. Diese beträgt für jeweils 50 Probleme einer Größenordnung $0{,}2 \leq \rho < 0{,}4$, $0{,}4 \leq \rho < 0{,}6$ bzw. $0{,}6 \leq \rho < 0{,}8$ [1], so daß sich die in der Tabelle 3.-10 angegebenen neun Problemgruppen (I - IX) ergeben:

Zahl der Arbeitselemente \ Vorrangstrenge	$0{,}2 \leq \rho < 0{,}4$	$0{,}4 \leq \rho < 0{,}6$	$0{,}6 \leq \rho < 0{,}8$
$10 \leq I \leq 50$	I	II	III
$51 \leq I \leq 100$	IV	V	VI
$101 \leq I \leq 150$	VII	VIII	IX

Tab. 3.-10

Neben der Problemgröße und der Vorrangstrenge unterscheiden sich die Probleme durch

(1) die Höhe der Elementzeiten, die beliebige ganzzahlige Werte aus dem Intervall $[1, 10]$ annehmen können;

(2) die maximale Zahl der Arbeitsstationen, die von der Zahl der Arbeitselemente abhängig ist und für die kleinen Abstimmungsprobleme (Problemgruppen I - III) zwischen 15 und 20, für die mittleren Probleme (Gruppen IV - VI) zwischen 15 und 25 und für die größeren Probleme (Gruppen VII - IX) zwischen 35 und 50 variieren kann;

---

1) MASTOR (-1966-) untersucht Abstimmungsprobleme, bei denen die Vorrangstrenge 0,25, 0,50 oder 0,75 beträgt; vgl. S. 123, Fußnote 5).

(3) die Länge des Planungszeitraumes, d.h. die Schichtzeit, die zwischen 20000 und 30000 Zeiteinheiten schwanken kann;

(4) die Obergrenze der Produktionsmenge, die zwischen 500 und 1500 Mengeneinheiten variieren kann, sowie deren Untergrenze, die Werte zwischen 10 und 500 annehmen kann;

(5) die Koeffizienten der Zielfunktion, wobei die Differenz zwischen Absatzpreis und Materialkosten pro Stück von der Anzahl der Arbeitselemente abhängig ist und für die kleinen Abstimmungsprobleme zwischen 5 und 15, für die Probleme mittlerer Größe zwischen 5 und 25 und für die größeren Probleme zwischen 5 und 35 Geldeinheiten variieren kann, während die Personal- und/oder Maschinenkosten unabhängig von der Problemgröße Werte zwischen 50 und 250 annehmen können.

3.2.5.4. Rechenerfahrungen mit den exakten Versionen des kombinatorischen Verfahrens

Zunächst sollen die Rechenerfahrungen diskutiert werden, die mit dem kombinatorischen Verfahren in Verbindung mit dem Ansatz von MERTENS (im folgenden auch als Version 1 bezeichnet), MOWER (Version 2) und dem oben entwickelten Branch-and-Bound-Verfahren (Version 3) gewonnen wurden. In der Tabelle 3.-11 sind die Ergebnisse dieser exakten Versionen des kombinatorischen Verfahrens für die Problemgruppe V gezeigt. Nach der Problemnummer und -größe in den beiden ersten Spalten folgt in der Spalte 3 die erforderliche Anzahl der zu lösenden klassischen Fließbandabstimmungsprobleme. In den Spalten 4, 5 und 6 stehen die für die drei Versionen benötigten Rechenzeiten [1]. Hierbei handelt es sich jeweils um die in Sekunden gemessene Zeitspanne von der Berechnung des zulässigen Taktzeitintervalls bis zum

---

1) Die exakten Versionen des kombinatorischen Verfahrens wurden ebenso wie die heuristischen Versionen in FORTRAN IV programmiert und auf der Telefunken TR 440 des Rechenzentrums der Universität Hamburg gerechnet.

Ausdrucken der Ergebnisse, d.h. die für die Erzeugung der Abstimmungsprobleme erforderliche Zeit bleibt unberücksichtigt. In der letzten Spalte ist schließlich für jede erforderliche Abstimmung die Anzahl der gespeicherten vollständigen Kombinationen für die Version 3 angegeben [1]. Für einzelne Probleme ist zur Überprüfung, ob für die Taktzeit $c_{\hat{\nu}}$ eine Zuordnung der Arbeitselemente auf $m_{\hat{\nu}}$ Stationen realisierbar ist, eine derart große Zahl von vollständigen Kombinationen zu bilden und - im Falle der dritten Version des kombinatorischen Verfahrens auch - zu speichern, daß einerseits die Rechenzeit nicht mehr vertretbar ist, andererseits die Speicherkapazität der Datenverarbeitungsanlagen nicht mehr ausreicht. Daher wurden alle drei exakten Versionen für die Problemgruppe V - ebenso wie für die Gruppen IV und VI - nach 60 Sekunden Rechenzeit und zusätzlich die Version 3 mit dem oben entwickelten Branch-and-Bound-Verfahren nach der Speicherung von 1000 vollständigen Kombinationen abgebrochen. Diejenigen Abstimmungsprobleme, für die aufgrund dieser Rechenzeit- und Speicherplatzbeschränkung keine Lösung erhalten werden konnte, sind in der Spalte 3 mit einem Fragezeichen versehen. Die Striche in der letzten Spalte kennzeichnen schließlich diejenigen Probleme, bei denen innerhalb eines Abstimmungslaufes die Optimallösung bereits durch das dem oben entwickelten Branch-and-Bound-Verfahren vorgeschalteten Näherungsverfahren erzielt werden konnte.

Aus der Tabelle 3.-11 geht hervor, daß mit der zweiten Version des kombinatorischen Verfahrens nur 39 der 50 Probleme der Gruppe V gelöst werden konnten, da in 11 Fällen die vorgegebene Rechenzeitschranke von 60 Sekunden überschritten wurde. Dagegen führte die erste Version, die im Durchschnitt die geringste Rechenzeit erforderte, auch für 2 Probleme, bei denen

---

1) Der maximale Gewinn ist in der Tabelle 3.-11 nicht angegeben, denn je größer die Zahl der Abstimmungen ist, desto geringer ist der erzielbare Gewinn. Diese Wirkung ist darauf zurückzuführen, daß beim kombinatorischen Verfahren die (c, m) - Kombinationen in der Folge abnehmender Gewinnwerte untersucht werden.

Pro-blem-Nr.	Zahl der Arbeits-elemente	Zahl der erforderlichen Abstimmungen 1)	Rechenzeit (Sek.) für Version 1	2	3	Anzahl der gespeicherten Kombinationen für Version 3
1	73	1	0,09	0,26	0,10	-
2	51	2	0,17	0,25	0,13	1,-
3	72	1	0,09	0,25	0,09	-
4	67	2	0,59	0,43	2,70	0,124
5	79	1	>60	>60	46,86	992
6	60	?	>60	>60	>60	383
7	54	1	0,44	0,21	2,70	79
8	52	1	0,35	0,32	0,99	110
9	73	1	0,09	0,27	0,09	-
10	54	1	0,05	0,19	0,06	-
11	72	1	0,08	0,65	0,09	-
12	75	1	>60	>60	4,42	419
13	55	1	0,06	0,19	0,06	-
14	58	1	2,74	2,58	7,89	212
15	53	1	0,06	0,24	0,06	-
16	58	1	0,06	0,18	0,06	-
17	86	1	>60	>60	6,20	346
18	96	1	0,14	0,38	0,14	-
19	94	1	0,14	1,35	0,14	-
20	90	1	0,13	0,35	0,13	-
21	83	1	0,11	0,31	0,11	-
22	82	1	0,11	>60	0,11	-
23	95	1	0,14	0,41	0,14	-
24	72	1	>60	>60	1,79	165
25	68	?	>60	>60	>60	293
26	88	?	>60	>60	>60	705
27	83	1	0,12	0,33	0,12	-
28	88	1	0,55	0,42	>60	335
29	72	1	0,09	0,26	0,09	-
30	88	1	0,66	0,52	52,81	>1000
31	83	1	0,11	0,32	0,12	-
32	84	1	0,12	0,54	0,12	-
33	83	1	0,12	>60	0,12	-
34	79	1	0,40	0,30	>60	287
35	95	1	0,15	0,38	0,15	-
36	89	1	0,13	0,35	0,13	-
37	78	1	1,81	1,71	11,35	625
38	74	1	0,10	0,30	0,10	-
39	74	?	>60	>60	>60	894
40	76	1	0,10	0,33	0,10	-
41	65	1	0,07	0,24	0,08	-
42	71	1	0,09	0,31	0,09	-
43	83	1	0,11	5,65	0,12	-
44	68	1	0,08	0,25	0,09	-
45	76	1	0,10	0,29	0,10	-
46	73	1	0,10	0,27	0,10	-
47	76	1	0,10	0,29	0,10	-
48	82	1	0,11	0,32	0,11	-
49	80	1	56,50	56,54	40,94	>1000
50	67	?	>60	>60	>60	271

Tab. 3.-11

1) Für die Probleme dieser Gruppe (Gruppe V) ist fast immer nur eine Abstimmung erforderlich. Bei einigen anderen Gruppen, insbesondere den mit noch größerer Vorrangstrenge, ist die Zahl der erforderlichen Abstimmungen höher als die der Gruppe V.

sich das kombinatorische Verfahren mit dem Ansatz von MOWER nicht bewährte, in vertretbarer Rechenzeit zum Ziel, während sich die dritte Version mit dem oben entwickelten Branch-and-Bound-Verfahren - allerdings auf Kosten des im Durchschnitt höchsten Rechenaufwandes - bei 6 Problemen der zweiten Version überlegen erwies. Da die Version 3 aber bei insgesamt 4 Problemen, bei denen die zweite Version erfolgreich war, auf die vorgegebene Rechenzeit- bzw. Speicherplatzbeschränkung stieß, konnten mit diesem Verfahren ebenfalls nur 41 Probleme gelöst werden. Bei 43 der insgesamt 45 Probleme, die mit den drei exakten Versionen gelöst werden konnten, wurde die optimale Lösung mit der ersten klassischen Abstimmung gefunden. Davon führte in 31 Fällen bereits das vorgeschaltete Näherungsverfahren zum Optimum. Bei diesen Problemen, die in der letzten Spalte durch (-) gekennzeichnet sind, war die Rechenzeit für die erste und dritte Version eindeutig geringer als für die zweite Version mit dem Verfahren von MOWER, dem kein Näherungsverfahren vorgeschaltet ist.

Obwohl sich auch die Rechenergebnisse für die weiteren Problemgruppen analog zur Tabelle 3.-11 für die Gruppe V darstellen lassen, sind diese um der kürzeren Darstellung willen zusammen mit den Ergebnissen für die Gruppe V in der Tabelle 3.-12 komprimiert. Diese Ergebnisse basieren auf einer Rechenzeitschranke von 30 Sekunden und einer Speicherplatzbeschränkung von 500 vollständigen Kombinationen (Version 3) für die Problemgruppen I - III, während die exakten Versionen bei den Gruppen VII - IX nach 90 Sekunden Rechenzeit und darüber hinaus die Version 3 mit dem oben entwickelten Branch-and-Bound-Verfahren nach 1500 gespeicherten Kombinationen abgebrochen wurden. Die Tabelle 3.-12 zeigt für jede untersuchte Problemgruppe die Anzahl der mit den exakten Versionen gelösten Probleme und die hierfür erforderliche durchschnittliche Rechenzeit.

Problem-gruppe	Version 1		Version 2		Version 3	
	Anzahl der gelösten Probleme	Durch-schnittliche Rechenzeit	Anzahl der gelösten Probleme	Durch-schnittliche Rechenzeit	Anzahl der gelösten Probleme	Durch-schnittliche Rechenzeit
I	50	0,03	49	0,09	50	0,03
II	48	0,53	48	0,57	50	0,56
III	46	0,38	46	0,41	48	0,57
IV	49	0,13	49	0,29	46	0,41
V	41	1,64	39	2,02	41	2,15
VI	26	1,87	22	2,43	36	2,84
VII	46	0,85	44	1,59	38	1,27
VIII	24	1,89	21	2,48	30	5,10
IX	23	3,13	20	2,88	28	14,55

Tab. 3.-12

Aus der Tabelle 3.-12 ist ersichtlich, daß von den drei exakten Verfahren die Version 3 mit dem oben entwickelten Branch-and-Bound-Verfahren - bis auf die Gruppen IV und VII - für alle untersuchten Gruppen die meisten Probleme oder zumindest ebenso viele Probleme wie die Version 1 lösen konnte. Diese Version des kombinatorischen Verfahrens, die für die Problemgruppen I und II sogar in allen Fällen zum Ziel führte, weist damit im Durchschnitt die besten Ergebnisse hinsichtlich der Qualität der Lösungen auf. Es folgt die erste Version, während mit der zweiten Version im Durchschnitt die wenigsten Probleme gelöst werden konnten. Weiterhin zeigt die Tabelle 3.-12, daß mit Ausnahme der Version 3 für die Problemgruppe II die Anzahl der mit den exakten Versionen gelösten Probleme mit steigender Vorrangstrenge abnimmt. Je größer also die Zahl der effektiven Reihenfolgebeziehungen ist, desto größer ist im allgemeinen innerhalb einer Problemgruppe die Anzahl der Probleme, bei denen die exakten Versionen auf die vorgegebene Rechenzeit- und/oder Speicherplatzbeschränkung stoßen. Das ist darauf zurückzuführen, daß sich die angestrebte Zuordnung der Arbeitselemente bei einer größeren Zahl von Reihenfolgebedingungen im Durchschnitt weniger leicht realisieren läßt und daher eine größere Zahl von vollständigen Kombinationen zu bilden und gegebenenfalls auch zu speichern ist als bei einer geringeren Vorrangstrenge. Der Einfluß der Reihenfolgebeziehungen auf die Zahl der gelösten Probleme war dabei für die ersten beiden Versionen am stärksten, wodurch der Vorteil der dritten Version gegenüber den anderen beiden exakten Verfahren mit steigender Vorrangstrenge noch zunimmt. Darüber hinaus läßt die Tabelle 3.-12 erkennen, daß mit wachsender Problemgröße immer weniger Probleme mit den exakten Versionen gelöst werden konnten, da immer häufiger Rechenzeiten von mehr als 30, 60 bzw. 90 Sekunden benötigt wurden oder mehr als 500, 1000 bzw. 1500 vollständige Kombinationen gespeichert werden mußten. Dies gilt besonders für größere Vorrangstrengen.

Aus der Tabelle 3.-12 geht ebenfalls hervor, daß die erste Version mit dem Verfahren von MERTENS im Durchschnitt die geringsten Rechenzeiten benötigte. Es folgt die Version 2 mit dem Ansatz von MOWER, während die dritte Version mit dem oben entwickelten Branch-and-Bound-Verfahren im Durchschnitt den höchsten Rechenaufwand erforderte. Diese Rangfolge ist in erster Linie auf das dem Ansatz von MERTENS - und auch dem Branch-and-Bound-Verfahren - vorgeschalteten Näherungsverfahren zurückzuführen, mit dem bereits ein großer Teil der Probleme in sehr kurzer Rechenzeit gelöst werden konnte. Für die Version 3 fallen darüber hinaus deshalb höhere Rechenzeiten als für die ersten beiden Versionen an, da innerhalb der Version 3 für jede Arbeitsstation zuerst alle vollständigen Kombinationen zu bilden und zu speichern sind, bevor mit dem Aufbau der Teilfolge für die nächste Arbeitsstation begonnen werden kann. Schließlich läßt die Tabelle 3.-12 erkennen, daß die durchschnittliche Rechenzeit für jede exakte Version sowohl mit steigender Vorrangstrenge - mit Ausnahme der Problemgruppe II [1] - als auch mit wachsender Problemgröße ansteigt. Dabei erhöht sich die Rechenzeit für die Version 3 von durchschnittlich 0,39 Sekunden für die Problemgruppen I - III mit durchschnittlich 30 Arbeitselementen auf 6,97 Sekunden für die Gruppen VII - IX mit durchschnittlich 125 Arbeitselementen und nimmt damit von allen exakten Versionen am stärksten zu.

---

1) Die relativ hohen durchschnittlichen Rechenzeiten für die Problemgruppe II sind darauf zurückzuführen, daß für ein Abstimmungsproblem alle drei Verfahren eine Rechenzeit erfordern, die nur knapp unterhalb der Rechenzeitschranke von 30 Sekunden liegt.

3.2.5.5. Rechenerfahrungen mit den heuristischen Versionen des kombinatorischen Verfahrens

Nach der Diskussion der mit den exakten Versionen gewonnenen numerischen Erfahrungen soll in diesem Abschnitt auf die Rechenergebnisse eingegangen werden, die mit dem kombinatorischen Verfahren in Verbindung mit dem vom Verfasser weiterentwickelten heuristischen Enumerationsverfahren von HOFFMANN (im folgenden als Version 4 bezeichnet) sowie der MEZ-, MPG-, MRW-, MZAN- und MZDN-Regel (Versionen 5 bis 9) erzielt wurden. Bei den Prioritätsregeln wurde dabei, wenn mehrere zuweisbare Arbeitselemente die gleiche Prioritätsziffer aufwiesen, das Arbeitselement mit der geringsten Elementnummer als nächstes zugeteilt. Analog zur Auswertung der Ergebnisse für die exakten Verfahren sollen die mit den heuristischen Versionen gewonnenen Ergebnisse für die Problemgruppe V ausführlicher erörtert werden. Die Ergebnisse für diese Problemgruppe sind in der Tabelle 3.-13 gezeigt, in der die ersten beiden Spalten mit denen der Tabelle 3.-11 identisch sind. In den Spalten 3 bis 8 ist für die 6 heuristischen Versionen jeweils die Zahl der Abstimmungen angegeben, die stets dann durch (*) gekennzeichnet ist, wenn sie mit der erforderlichen Zahl der Abstimmungen (vgl. Spalte 3, Tabelle 3.-11) übereinstimmt, d.h. wenn mit der betreffenden heuristischen Version die Optimallösung gefunden wird. Die weiteren Spalten enthalten schließlich die Rechenzeiten der untersuchten Verfahren.

Die Tabelle 3.-13 zeigt, daß in der Problemgruppe V mit der vierten Version des kombinatorischen Verfahrens in 42 von 45 Fällen [1] die Optimallösung gefunden wurde. Die Version 5 führte für 33 Probleme und die Version 9 für 21 Probleme zur optimalen Lösung, während mit den Versionen 6, 7 und 8 in jeweils 20 Fällen das Optimum erreicht wurde. Mit der Version 4 wurde für 9 Probleme eine bessere und in keinem Fall eine

1) Von den 50 Problemen der Gruppe V konnten mit den untersuchten exakten Versionen nur 45 gelöst werden; vgl. Tabelle 3.-11.

Problem-Nr.	Zahl der Arbeitselemente	Zahl der Abstimmungen für Version						Rechenzeit (Sek.) für Version					
		4	5	6	7	8	9	4	5	6	7	8	9
1	73	1*	1*	1*	3	1*	1*	1,72	0,10	0,10	0,27	0,10	0,10
2	51	2*	2*	2*	2*	2*	2*	1,44	0,06	0,06	0,06	0,06	0,07
3	72	1*	1*	1*	1*	1*	1*	1,05	0,09	0,10	0,09	0,09	0,10
4	67	3	3	4	3	3	3	3,41	0,16	0,19	0,12	0,11	0,11
5	79	1*	2	2	2	2	2	1,73	0,13	0,13	0,12	0,13	0,18
6	60	2	2	2	2	2	2	2,19	0,12	0,10	0,10	0,10	0,12
7	54	2	2	2	2	2	2	1,83	0,09	0,07	0,09	0,08	0,08
8	52	1*	2	2	2	2	2	1,24	0,10	0,09	0,09	0,09	0,09
9	73	1*	1*	1*	1*	1*	1*	1,34	0,09	0,10	0,10	0,10	0,10
10	54	1*	1*	2	1*	2	1*	1,04	0,05	0,11	0,06	0,11	0,06
11	72	1*	1*	2	2	1*	1*	1,37	0,09	0,17	0,17	0,10	0,10
12	75	1*	2	3	3	3	3	2,00	0,19	0,22	0,25	0,20	0,17
13	55	1*	1*	2	2	2	2	1,33	0,06	0,11	0,12	0,11	0,11
14	58	2	2	2	3	2	4	2,49	0,07	0,10	0,15	0,08	0,20
15	53	1*	1*	2	2	2	1*	1,43	0,06	0,08	0,10	0,09	0,06
16	58	1*	1*	1*	1*	1*	1*	0,76	0,06	0,06	0,07	0,07	0,06
17	86	1*	2	2	2	2	3	1,87	0,23	0,18	0,17	0,19	0,28
18	96	1*	1*	1*	1*	1*	1*	1,33	0,14	0,15	0,15	0,15	0,15
19	94	1*	1*	3	1*	3	1*	1,83	0,14	0,31	0,15	0,33	0,15
20	90	1*	1*	3	1*	3	3	1,62	0,13	0,38	0,14	0,40	0,35
21	83	1*	1*	1*	1*	1*	1*	0,87	0,11	0,11	0,11	0,12	0,12
22	82	1*	1*	3	3	3	3	1,71	0,12	0,24	0,25	0,22	0,22
23	95	1*	1*	1*	1*	1*	2	1,35	0,14	0,15	0,15	0,15	0,28
24	72	1*	3	3	3	3	3	1,88	0,23	0,21	0,16	0,20	0,16
25	68	2	2	2	2	2	2	2,73	0,16	0,15	0,14	0,16	0,13
26	88	2	2	2	2	4	2	3,62	0,24	0,16	0,17	0,42	0,17
27	83	1*	1*	1*	1*	3	3	1,86	0,12	0,12	0,12	0,28	0,28
28	88	1*	2	2	2	2	2	1,34	0,20	0,18	0,18	0,15	0,24
29	72	1*	1*	2	2	2	2	1,39	0,09	0,16	0,17	0,17	0,16
30	88	1*	3	3	3	3	3	2,08	0,24	0,21	0,21	0,24	0,20
31	83	1*	1*	1*	1*	1*	1*	1,26	0,12	0,12	0,12	0,13	0,12
32	84	1*	1*	2	2	2	2	1,79	0,12	0,20	0,23	0,22	0,23
33	83	1*	1*	3	3	3	3	1,90	0,11	0,26	0,28	0,25	0,25
34	79	1*	1*	2	2	2	2	1,09	0,10	0,19	0,19	0,22	0,20
35	95	1*	1*	1*	1*	1*	1*	1,69	0,15	0,16	0,16	0,16	0,16
36	89	1*	1*	1*	1*	1*	1*	1,84	0,13	0,14	0,14	0,14	0,14
37	78	1*	2	2	2	4	2	1,98	0,20	0,14	0,15	0,36	0,16
38	74	1*	1*	3	3	3	3	2,04	0,10	0,24	0,26	0,27	0,23
39	74	2	2	2	2	2	2	3,06	0,16	0,14	0,14	0,17	0,14
40	76	1*	1*	2	2	2	1*	1,76	0,10	0,17	0,18	0,19	0,10
41	65	1*	1*	1*	1*	1*	1*	1,45	0,08	0,08	0,08	0,08	0,08
42	71	1*	1*	1*	1*	1*	2	1,26	0,09	0,09	0,09	0,09	0,16
43	83	1*	1*	1*	1*	1*	1*	1,74	0,12	0,13	0,13	0,13	0,13
44	68	1*	1*	1*	1*	1*	1*	1,21	0,08	0,09	0,09	0,09	0,09
45	76	1*	1*	1*	1*	1*	1*	1,38	0,10	0,11	0,11	0,11	0,10
46	73	1*	1*	1*	2	1*	2	1,80	0,10	0,10	0,18	0,10	0,17
47	76	1*	1*	1*	2	1*	1*	1,57	0,10	0,10	0,19	0,11	0,10
48	82	1*	1*	1*	1*	1*	1*	1,78	0,12	0,13	0,12	0,12	0,12
49	80	1*	2	2	2	2	2	1,79	0,21	0,20	0,15	0,20	0,14
50	67	2	2	2	2	4	2	3,15	0,10	0,10	0,10	0,25	0,09

Tab. 3.-13

schlechtere Lösung als mit der fünften Version erzielt. Dies ist auch der Tabelle 3.-14 zu entnehmen, die für die betrachtete Problemgruppe jeweils die Anzahl der Probleme angibt, bei denen für die in der Zeile genannte Version mindestens eine Abstimmung weniger als für die in der Spalte angegebene Version erforderlich war.

	Version 4	Version 5	Version 6	Version 7	Version 8	Version 9
Version 4	-	9	23	23	24	22
Version 5	0	-	15	15	17	15
Version 6	0	0	-	4	4	6
Version 7	0	0	4	-	7	6
Version 8	0	0	2	5	-	7
Version 9	0	0	6	5	5	-

Tab. 3.-14

Von den auf Prioritätsregelverfahren aufbauenden Versionen lieferte die Version 5 mit der MEZ-Regel die besten Ergebnisse, da sie in 15 bis 17 Fällen zu besseren Lösungen als die Versionen 6 bis 9 führte und in keinem Fall von diesen Versionen dominiert wurde. Es folgt die Version 7 vor den Versionen 6 und 8, während die Version 9 am schlechtesten abschnitt. Schließlich geht aus der Tabelle 3.-13 hervor, daß die Rechenzeiten für die Version 4 im Durchschnitt das Vierzehnfache der Rechenzeiten für die Version 5 mit der besten Prioritätsregel, der MEZ-Regel, und das Zwölffache der Rechenzeiten für die weiteren Prioritätsregeln betrugen.

Die Tabelle 3.-15 gibt für sämtliche Problemgruppen die Anzahl der Probleme an, für die mit den untersuchten heuristischen Versionen die Optimallösung gefunden wurde. Die Tabelle zeigt, daß für alle neun Problemgruppen in den meisten Fällen die Version 4 mit dem weiterentwickelten Verfahren von HOFFMANN

Problem-gruppe	Anzahl der gefundenen Optimallösungen für Version					
	4	5	6	7	8	9
I	49	48	45	45	42	43
II	45	40	39	36	35	36
III	46	40	38	36	38	35
IV	49	46	34	33	31	32
V	42	33	20	20	20	21
VI	37	22	16	16	13	12
VII	47	34	25	24	20	20
VIII	37	20	10	11	8	11
IX	31	16	12	12	12	12

Tab. 3.-15

zur optimalen Lösung führte. Für diese Version war die Anzahl der optimalen Lösungen für die Problemgruppen V - IX höher als die Zahl der mit den exakten Versionen 1 und 2 erhaltenen Lösungen und für die Gruppen IV - IX auch höher als die Zahl der Lösungen mit der dritten Version. Dies ist darauf zurückzuführen, daß bei einzelnen Problemen für die vierte Version nur eine Abstimmung erforderlich war und daher mit Sicherheit die optimale Lösung gefunden wurde, während die exakten Versionen aufgrund der eingeführten Rechenzeit- oder Speicherplatzbeschränkung hier vorzeitig abgebrochen wurden. Die nächstbesten Ergebnisse wurden mit der Version 5 gewonnen, mit der von allen auf Prioritätsregelverfahren basierenden Versionen (Versionen 5 - 9) für alle neun Problemgruppen die meisten optimalen Lösungen gefunden werden konnten Weiterhin ist aus der Tabelle 3.-15 ersichtlich, daß die Anzahl der optimalen Lösungen - mit Ausnahme einzelner Versionen für die Gruppen III und IX - um so geringer war, je größer die Vorrangstrenge gewählt wurde. Außerdem konnten mit wachsender Problemgröße für eine immer geringere Zahl von Problemen optimale Lösungen gefunden werden.

Der Einfluß der Vorrangstrenge und der Problemgröße auf die Anzahl der optimalen Lösungen ist dabei für die Version 4 mit dem weiterentwickelten Verfahren von HOFFMANN am geringsten und für die Versionen 6 und 7 am größten, da die entsprechenden Werte für diese Verfahren am stärksten divergieren.

Aus der Tabelle 3.-16, die für die heuristischen Versionen die erforderliche Rechenzeit angibt, geht hervor, daß die Version 5 mit der MEZ-Regel für alle neun Problemgruppen die geringste Rechenzeit erforderte. Die Rechenzeiten für diese Version betrugen im Durchschnitt zwischen 0,02 und 0,45 Sekunden und lagen damit um rund 20 % unter den Rechenzeiten für die Versionen 6 und 7, während die Versionen mit der MZAN- und MZDN-Regel von den auf Prioritätsregeln basierenden Versionen die höchsten Rechenzeiten erforderten. Für die Version mit dem weiterentwickelten Verfahren von HOFFMANN fielen in jeder Problemgruppe die höchsten Rechenzeiten an, die rund das Zehn- bis Zwanzigfache der Rechenzeiten für die Version mit der MEZ-Regel betrugen.

Problemgruppe	Durchschnittliche Rechenzeit für Version					
	4	5	6	7	8	9
I	0,23	0,02	0,03	0,03	0,03	0,03
II	0,29	0,03	0,03	0,03	0,03	0,03
III	0,32	0,03	0,03	0,03	0,03	0,04
IV	1,55	0,11	0,15	0,15	0,15	0,15
V	1,75	0,12	0,15	0,15	0,16	0,15
VI	1,92	0,14	0,16	0,16	0,17	0,18
VII	6,18	0,30	0,39	0,41	0,41	0,43
VIII	8,06	0,37	0,49	0,45	0,50	0,49
IX	9,11	0,45	0,52	0,55	0,54	0,60

Tab. 3.-16

Für jede heuristische Version nahmen die durchschnittlichen Rechenzeiten mit steigender Vorrangstrenge ebenso zu wie mit wachsendem Problemumfang. So stieg beispielsweise die durchschnittliche Rechenzeit für die Version 4 von 0,28 Sekunden für die Problemgruppen I - III mit durchschnittlich 30 Arbeitselementen auf 7,78 Sekunden für die Gruppen VII - IX mit durchschnittlich 125 Arbeitselementen und nahm somit um das 28-Fache zu, während sich die Rechenzeit für die Version 5 mit der MEZ-Regel von durchschnittlich 0,03 Sekunden für die Problemgruppen I - III auf 0,37 Sekunden für die Gruppen VII - IX erhöhte und sich damit lediglich verzwölffachte.

Zusammenfassend läßt sich feststellen, daß für Abstimmungsprobleme mit bis zu 50 Arbeitselementen als Teilprogramm des kombinatorischen Verfahrens zunächst das oben entwickelte Branch-and-Bound-Verfahren eingesetzt werden sollte. Kann jedoch mit diesem Verfahren - besonders bei Problemen mit einer größeren Zahl von Arbeitselementen und Reihenfolgebeziehungen - aufgrund des Erreichens einer vorgegebenen Rechenzeit- oder Speicherplatzbeschränkung keine Lösung erzielt werden, ist es zweckmäßig, die Rechnung mit der Version 4 des kombinatorischen Verfahrens, bei dem die klassischen Fließbandabstimmungsprobleme mit Hilfe des weiterentwickelten heuristischen Branch-and-Bound-Verfahrens von HOFFMANN gelöst werden, zu wiederholen. Bei dieser Version, die von allen heuristischen Versionen mit der höchsten Wahrscheinlichkeit zu optimalen Lösungen führt, wird ein wesentlich geringerer Speicherplatz als bei der zuerst angewendeten exakten Version benötigt, da die vollständigen Kombinationen einer Arbeitsstation gelöscht werden, bevor mit der Bildung der Kombinationen für die nächste Station begonnen wird. Der Vorteil dieser heuristischen Version besteht darin, daß stets dann die optimale Lösung gefunden wird, wenn bei der exakten Version bereits während des Vorwärtsschreitens im Entscheidungsbaum eine derart große Zahl von vollständigen Kombinationen zu speichern ist, daß die vorgegebene Speicherplatzbeschränkung erreicht und damit das

Verfahren vorzeitig abgebrochen wird, obwohl die bisher aufgebaute Teilfolge zum Optimum führt. Für Probleme mit einer größeren Zahl von Arbeitselementen sollte dagegen die klassische Fließbandabstimmung von vornherein mit dem weiterentwickelten heuristischen Branch-and-Bound-Verfahren von HOFFMANN durchgeführt werden, da hierfür die Anzahl der gefundenen Optimallösungen größer als die Zahl derjenigen Probleme war, die mit dem exakten Branch-and-Bound-Verfahren gelöst werden konnten.

4. Lösungsverfahren zur interdependenten Fließbandabstimmung bei stochastischen Elementzeiten

4.1. Prämissen

Während bei den in Abschnitt 3. untersuchten Planungsansätzen zur interdependenten Fließbandabstimmung und auch bei den in das kombinatorische Verfahren eingehenden klassischen Fließbandabstimmungsverfahren von deterministischen Elementzeiten ausgegangen wurde, sollen im folgenden Lösungsverfahren für eine stochastische Entscheidungssituation formuliert werden, die anstatt der Prämisse (13) durch die Prämisse (13a) gekennzeichnet ist:

(13a) Die Elementzeiten $\tilde{t}_i$ $(i = 1,...,I)$ sind Zufallsvariable, deren Wahrscheinlichkeitsverteilungen durch Normalverteilungen mit den Erwartungswerten $E(\tilde{t}_i) = \mu_i$ und den Varianzen $Var(\tilde{t}_i) = \sigma_i^2$ approximiert werden können [1]. Die Elementzeit $\tilde{t}_i$ des Arbeitselementes i ist dabei stochastisch unabhängig von der Elementzeit $\tilde{t}_k$ $(k \neq i, k = 1,...,I)$ aller anderen Arbeitselemente [2].

Eine solche - auch als Entscheidung bei Risiko [3] bezeichnete - Situation ist typisch für die manuelle Fließfertigung [4].

---

1) Diese Prämisse findet sich z.B. auch bei DUDLEY -1962-, S. 71; DUDLEY -1968-, S. 43; THOMAS-REEVE -1972-, S. 409.

2) Diese Annahme ist aufgrund der statistischen Untersuchungen von WALKER (-1959-) gerechtfertigt; vgl. MOODIE -1964-, S. 48 ff.; MOODIE-YOUNG -1965-, S. 26 ff.; MANSOOR-BEN-TUVIA -1966-, S. 126; BRENNECKE -1968-, S. 223 ff.; RAMSING-DOWNING -1970-, S. 41; DEUTSCH -1971-, S. 45 ff.

3) Vgl. SCHNEEWEIß -1967-, S. 2 und S. 27; DINKELBACH -1969/1-, Sp. 490.

4) Vgl. HILLIER-BOLING -1966-, S. 651; HERRIGER -1968-, S. 35; STARR -1971-, S. 161 f.; WILD -1971-, S. 255. Die Ursachen der stochastischen Elementzeiten können dabei in Schwankungen der Schnittgeschwindigkeit und der Schärfe der Werkzeuge, Materialunterschieden und -fehlern, Schwankungen der Leistung und der Aufmerksamkeit der Arbeitskräfte sowie unterschiedlichen Arbeitsmethoden bestehen; vgl. hierzu ARCUS -1966-, S. 273; WILD -1972-, S. 87.

Mit dem Übergang von deterministischen auf stochastische, normalverteilte Elementzeiten muß die Forderung der Einhaltung der Taktzeitrestriktionen aufgehoben werden. Das bedeutet, daß nunmehr die Taktzeit an jeder Arbeitsstation überschritten werden kann, wobei die Taktzeitüberschreitungen allerdings zwangsläufig mit einer Gewinnschmälerung verbunden sind, wenn das Erzeugnis auf einem taktweise fortschreitenden Fließband gefertigt wird. Können bei dieser Form des Fließbandes die einer Station zugewiesenen Arbeitselemente innerhalb der Taktzeit nur unvollständig bearbeitet werden, verläßt die Erzeugniseinheit an dieser Station das Fließband und wird entweder in Reparaturstationen am Ende des Fließbandes nachbearbeitet oder läuft ein weiteres Mal über das Band [1]. Im ersten Fall entstehen durch die Nachbearbeitung zusätzliche Kosten, während bei der zweiten Möglichkeit der Output unterhalb der bei deterministischen Elementzeiten möglichen Ausbringungsmenge von $X = T/c$ Mengeneinheiten liegt und damit den Erlös bzw. den Gewinn verringert. Der Output wird auch dann reduziert, wenn das Fließband über das vorgegebene Zeitintervall c hinaus so lange angehalten wird, bis sämtliche den Stationen zugeteilten Arbeitselemente ausgeführt sind [2]. In diesem Fall ist die Taktzeit selbst eine Zufallsvariable und entspricht der maximalen Stationszeit aller N Stationen, wenn die maximale Stationszeit die vorgegebene Zeitspanne c überschreitet. Andernfalls rückt das Fließband jeweils nach c Zeiteinheiten weiter [3].

Beim kontinuierlich laufenden Fließband führen Taktzeitüberschreitungen in wesentlich geringerem Maße zu Gewinnschmälerungen, da die Arbeitskräfte bei erhöhtem Zeitbedarf für die Ausführung der ihnen zugewiesenen Arbeitselemente mit dem Fließband über ihren Arbeitsbereich hinaus in den der folgen-

---

1) Vgl. FAENSEN-HOFMANN -1962-, S. 38; ELMAGHRABY -1966-, S. 277.

2) Vgl. FREEMAN-JUCKER -1967-, S. 362; KISTNER -1973-, S. B 48.

3) Vgl. KISTNER -1973-, S. B 57 f.

den Station gelangen können [1]. Gelingt es der Arbeitskraft an der folgenden Station, die ihr zugewiesene Arbeit innerhalb ihres Arbeitsbereiches zu beenden, obwohl sie aufgrund der Verzögerung an der vorhergehenden Station erst später mit der Ausführung der Arbeitselemente beginnen konnte, wirken sich die Elementzeitschwankungen nur auf diese beiden Stationen aus. Andernfalls ziehen sich diese Schwankungen auch über die nächste Station, im ungünstigsten Fall sogar über das gesamte Fließband hin. Beim kontinuierlich laufenden Band führt eine solche Störung des Produktionsprozesses aber erst dann zu Erlösschmälerungen oder zusätzlichen Kosten für die Nachbearbeitung, wenn Arbeitskräfte Erzeugniseinheiten unbearbeitet passieren lassen, um zum Anfang ihres Arbeitsbereiches zurückkehren zu können [2]. Im folgenden soll jedoch - entsprechend der Prämisse (21) - von einem taktweise fortschreitenden Fließband und einer Bewertung der unvollständig bearbeiteten Erzeugniseinheiten mit pro Stück konstanten Nachbearbeitungskosten ausgegangen werden:

(21) Können Erzeugniseinheiten, die auf einem taktweise fortschreitenden Fließband gefertigt werden, an der Station j (j = 1,...,N) nur unvollständig bearbeitet werden, verlassen sie an dieser Station das Fließband und werden zu Nachbearbeitungskosten von k_j Geldeinheiten pro Stück in Reparaturstationen vervollständigt. Dabei fallen von Station zu Station abnehmende Nachbearbeitungskosten pro Stück an, da der Arbeitsaufwand für die Vervollständigung der Erzeugniseinheiten, die das Fließband bereits nach der ersten Station verlassen, wesentlich größer ist als der für die erst gegen Ende des Bandes abgenommenen Erzeugniseinheiten:

$$k_{j+1} < k_j \qquad (j=1,...,N_{max}-1).$$

1) Vgl. FAENSEN-HOFMANN -1962-, S. 40; ARCUS -1966-, S. 273.

2) Vgl. BUFFA -1961-, S. 383; ARCUS -1963-, S. 144; WILD -1972-, S. 96 f.

Obwohl die Elementzeiten der Arbeitselemente - insbesondere bei manueller Fließfertigung - in realtypischen Situationen nicht mehr bekannt und konstant, sondern Zufallsvariable sind, basieren die Lösungsverfahren zur interdependenten Fließbandabstimmung bisher nur auf deterministischen Elementzeiten. Ziel der weiteren Untersuchungen ist es daher, Planungsansätze zu entwickeln, die eine simultane Bestimmung der Taktzeit und der Zuordnung der Arbeitselemente auf die Arbeitsstationen auch bei stochastischen Elementzeiten ermöglichen. Aufgrund der rechentechnischen Schwierigkeiten bei der Lösung ganzzahliger nichtlinearer Programmierungsmodelle [1] beschränkt sich die Untersuchung dabei auf das in Abschnitt 3.2.1. für deterministische Elementzeiten entwickelte kombinatorische Verfahren. Bevor jedoch in Abschnitt 4.3. gezeigt wird, wie dieses Verfahren weiterzuentwickeln ist, damit es auch auf die durch die Prämissen (13a) und (21) gekennzeichnete Planungssituation angewendet werden kann, sollen zunächst die bisher bekannten Verfahren zur Berücksichtigung stochastischer Elementzeiten bei der klassischen Fließbandabstimmung [2] dargestellt werden. Dieses Vorgehen ist besonders deshalb zweckmäßig, weil das kombinatorische Verfahren ein klassisches Fließbandabstimmungsverfahren als Teilprogramm enthält und darüber hinaus die oben beschriebene Entscheidungssituation sich erheblich komplexer als im deterministischen Fall darstellt.

---

1) Vgl. Abschnitt 3.1.2.

2) Im folgenden wird unter dem Problem der klassischen Fließbandabstimmung stets das Problem der Zuordnung der Arbeitselemente auf die Arbeitsstationen bei fest vorgegebener Taktzeit verstanden.

4. 2. Verfahren zur Berücksichtigung stochastischer Elementzeiten bei der klassischen Fließbandabstimmung

Eine Reihe von Autoren versucht, das Problem der stochastischen Elementzeiten bei der klassischen Fließbandabstimmung dadurch zu berücksichtigen, daß mit Hilfe von Erwartungswerten deterministische Probleme mit den in den Abschnitten 3.2.3. und 3.2.4. dargestellten Verfahren gelöst werden und der Unsicherheit der Elementzeiten erst nach der Abstimmung des Fließbandes durch die folgenden Maßnahmen Rechnung getragen wird:

(1) Einrichtung von Pufferlagern, wodurch die zeitliche Abhängigkeit der Stationen abgeschwächt [1] und zur Reihenfertigung ohne Zeitzwang übergegangen wird;

(2) Einsatz von "Springern" [2], um Arbeitskräfte abzulösen bzw. ihnen - wenn möglich - bei der Ausführung der Arbeitselemente behilflich zu sein;

(3) Einführung eines Prämiensystems zur Vermeidung von Taktzeitüberschreitungen [3].

Da ein solches Vorgehen zumindest theoretisch unbefriedigend ist, sollen im folgenden Ansätze diskutiert werden, bei denen die Unsicherheit der Elementzeiten bereits in der Planungsrechnung berücksichtigt wird.

---

1) Vgl. IGNALL -1965-, S. 253; FREEMAN-JUCKER -1967-, S. 362; HAHN -1972-, S. 52.

2) Vgl. FAENSEN-HOFMANN -1962-, S. 26 f.; STARR -1971-, S. 161; HAHN -1972-, S. 51.

3) Vgl. MANSOOR-BEN-TUVIA -1966-.

4.2.1. Korrekturverfahren

Bei den in der Praxis häufig verwendeten Korrekturverfahren werden die Elementzeitschwankungen dadurch berücksichtigt, daß für jede Arbeitsstation eine bestimmte "Schlupfzeit" [1] zugelassen wird [2], indem entweder Risikoabschläge auf die Taktzeit oder Risikozuschläge auf die Erwartungswerte der Elementzeiten vorgenommen werden. Bei der ersten Möglichkeit können aufgrund des in der Regel von Station zu Station unterschiedlichen Risikoabschlags γ_j^- $(j = 1,\ldots,N)$ [3] auf die vorgegebene Taktzeit $\bar{c}$ den N Stationen nur so lange Arbeitselemente zugeordnet werden, so lange die Taktzeitrestriktionen

$$(4.1) \qquad \sum_{i \in M_j} \mu_i \leqq (1 - \gamma_j^-)\, \bar{c} \qquad (j=1,\ldots,N)$$

erfüllt sind, in der als Elementzeit des Arbeitselementes i deren Erwartungswert μ_i angesetzt ist. Jede Station weist damit zum Ausgleich der Elementzeitschwankungen eine Schlupfzeit in Höhe von

$$\gamma_j^- \cdot \bar{c} \qquad (j=1,\ldots,N)$$

Zeiteinheiten auf. Diese Schlupfzeiten nehmen gewöhnlich von Station zu Station ab, da die Taktzeitüberschreitungen an den ersten Stationen des Fließbandes wesentlich schwerwiegendere Störungen des Produktionsprozesses auslösen als die am Ende des Bandes. Werden dagegen die Erwartungswerte der Elementzeiten mit den Risikozuschlägen γ_i^+ $(i = 1,\ldots,I)$ [4] multipli-

---

1) THOMOPOULOS -1968-, S. 346.

2) Vgl. ARCUS -1966-, S. 273; STARR -1971-, S. 161; JOHNSON-MONTGOMERY -1974-, S. 365.

3) Es gilt: $0 < \gamma_j^- < 1$ für $j=1,\ldots,N$.

4) Es gilt: $\gamma_i^+ > 1$ für $i=1,\ldots,I$.

ziert, lauten die Taktzeitrestriktionen:

$$\sum_{i \in M_j} \gamma_i^{+} \cdot \mu_i \leq \bar{c} \qquad (j=1,\ldots,N). \tag{4.2}$$

Beide Möglichkeiten führen zu den gleichen Ergebnissen, wenn die Risikozuschläge für alle Arbeitselemente mit γ^{+} gleich hoch sind und der Risikoabschlag auf die Taktzeit für alle Stationen $1 - 1/\gamma^{+}$ beträgt.

Unter Berücksichtigung der Taktzeitrestriktionen (4.1) oder (4.2) und der Reihenfolgebedingungen [1] sind die Arbeitselemente den Arbeitsstationen derart zuzuordnen, daß die Zahl der Stationen minimiert wird. Zur Lösung dieses Problems können die bereits in den Abschnitten 3.2.3. und 3.2.4. dargestellten Verfahren zur klassischen Fließbandabstimmung herangezogen werden, indem an die Stelle der bisher zu beachtenden Taktzeitrestriktionen die Bedingungen (4.1) oder (4.2) treten. Die Qualität der sich auf diese Weise ergebenden Korrekturverfahren wird entscheidend durch die Art der Ermittlung der Risikozu- bzw. -abschläge γ_i^{+} bzw. γ_j^{-} bestimmt. Werden diese nicht - wie häufig in der Praxis - durch globale Schätzungen, sondern unter Berücksichtigung der Varianzen der Wahrscheinlichkeitsverteilungen ermittelt, lassen sich die folgenden Modellansätze formulieren.

4.2.2. Verfahren auf der Grundlage von Wahrscheinlichkeitsrestriktionen

Bei den auf Wahrscheinlichkeitsrestriktionen basierenden Verfahren zur klassischen Fließbandabstimmung ist die Erfüllung der Taktzeitbedingungen mit vorgegebenen Mindestwahrschein-

---

1) Wie bereits in den Abschnitten 3.2.3. und 3.2.4. soll auch im folgenden von Zonenbeschränkungen abgesehen werden.

lichkeiten zu gewährleisten [1]. Gesucht ist eine solche Zuordnung der Arbeitselemente auf die minimale Zahl der Arbeitsstationen [2], die mit einer Wahrscheinlichkeit von mindestens $\delta_j \cdot 100$ % garantiert, daß die Verwirklichung der gefundenen Abstimmung nicht zu einer Verletzung der j-ten Taktzeitrestriktion führt, "wenn die tatsächlichen Werte der zunächst ungewissen Parameter bekannt werden" [3]. Diese Zuordnung läßt sich ermitteln, indem die Taktzeitbedingungen wie folgt als Wahrscheinlichkeitsrestriktionen definiert werden:

$$\text{(4.3)} \qquad Pr\,(\sum_{i \varepsilon M_j} \tilde{t}_i \leqq \bar{c}) \geqq \delta_j \qquad (j=1,\ldots,N)$$

$$\text{mit} \quad 0 < \delta_j < 1 \qquad (j=1,\ldots,N).$$

Die stochastischen Bedingungen (4.3) gewährleisten, daß für jede Arbeitsstation die Wahrscheinlichkeit, mit der die Summe der Elementzeiten der dieser Station zugeteilten Arbeitselemente kleiner oder gleich der vorgegebenen Taktzeit $\bar{c}$ ist, die Mindestwahrscheinlichkeit δ_j nicht unterschreitet.

Charakteristisch für die auf Wahrscheinlichkeitsrestriktionen beruhenden Verfahren ist die Transformation der Wahrscheinlichkeitsbedingungen (4.3) in ihre deterministischen Äquivalente. Die Stationszeiten

$$\tilde{\tau}_j = \sum_{i \varepsilon M_j} \tilde{t}_i \qquad (j=1,\ldots,N)$$

sind als Summe stochastisch unabhängig normalverteilter

1) Vgl. MOODIE -1964-, S. 49 ff.; BRENNECKE -1968-, S. 222 ff.; RAMSING-DOWNING -1970-; DEUTSCH -1971-, S. 45 ff.; THOMAS-REEVE -1972-, S. 415 f.

2) THOMAS und REEVE betrachten zusätzlich das Problem, die Arbeitselemente den Arbeitsstationen derart zuzuordnen, daß bei gegebener Taktzeit die Wahrscheinlichkeiten der Taktzeitüberschreitung minimiert werden; vgl. THOMAS-REEVE -1972-, S. 409 ff.

3) HAEGERT -1970-, S. 101.

Elementzeiten ebenfalls normalverteilte Zufallsvariablen [1)] mit den Erwartungswerten [2)]

$$E(\tilde{\tau}_j) = E(\sum_{i \in M_j} \tilde{t}_i) = \sum_{i \in M_j} E(\tilde{t}_i) = \sum_{i \in M_j} \mu_i \qquad (j=1,...,N)$$

und den Varianzen [3)]

$$Var(\tilde{\tau}_j) = Var(\sum_{i \in M_j} \tilde{t}_i) = \sum_{i \in M_j} Var(\tilde{t}_i) = \sum_{i \in M_j} \sigma_i^2 \qquad (j=1,...,N).$$

Mit Hilfe der standardnormalverteilten Zufallsvariablen [4)]

$$\frac{\tilde{\tau}_j - E(\tilde{\tau}_j)}{\sqrt{Var(\tilde{\tau}_j)}} \qquad (j=1,...,N)$$

läßt sich die Wahrscheinlichkeitsrestriktion (4.3) in (4.4) transformieren:

$$(4.4) \qquad Pr\left\{\frac{\tilde{\tau}_j - E(\tilde{\tau}_j)}{\sqrt{Var(\tilde{\tau}_j)}} \leq \frac{\bar{c} - E(\tilde{\tau}_j)}{\sqrt{Var(\tilde{\tau}_j)}}\right\} \geqq \delta_j \qquad (j=1,...,N).$$

Hieraus läßt sich für die standardnormalverteilte Zufallsvariable über die tabellierte Verteilungsfunktion $\Phi(\xi)$ der Standardnormalverteilung der Sicherheitsfaktor $\bar{\xi}_j$ ermitteln, bei dem gerade

---

1) Die Summe stochastisch unabhängig normalverteilter Zufallsvariablen ist ebenfalls normalverteilt; vgl. LINDGREN -1968-, S. 175 f.; FISZ -1970-, S. 181.

2) Der Erwartungswert einer Summe von Zufallsvariablen entspricht der Summe der Erwartungswerte dieser Zufallsvariablen; vgl. HOEL -1966-, S. 135 f.

3) Die Varianz der Summe stochastisch unabhängiger Zufallsvariablen ist gleich der Summe der Varianzen dieser Zufallsvariablen; vgl. LINDGREN -1968-, S. 127.

4) Zur Standardnormalverteilung vgl. z.B. FISZ -1970-, S. 180.

$$Pr\left\{\frac{\tilde{\tau}_j - E(\tilde{\tau}_j)}{\sqrt{Var(\tilde{\tau}_j)}} \leqq \bar{\xi}_j\right\} = \Phi(\bar{\xi}_j) = \delta_j \qquad (j=1,\ldots,N)$$

gilt. Die Wahrscheinlichkeitsrestriktionen (4.3) bzw. (4.4) sind damit nur dann erfüllt, wenn auch die Bedingungen

$$\frac{\bar{c} - E(\tilde{\tau}_j)}{\sqrt{Var(\tilde{\tau}_j)}} \geqq \bar{\xi}_j \qquad (j=1,\ldots,N)$$

erfüllt sind. Das deterministische Äquivalent der Wahrscheinlichkeitsrestriktionen (4.3) bzw. (4.4) lautet somit [1]:

(4.5a) $$E(\tilde{\tau}_j) + \bar{\xi}_j \sqrt{Var(\tilde{\tau}_j)} \leqq \bar{c} \qquad (j=1,\ldots,N)$$

bzw.

(4.5b) $$\sum_{i\varepsilon M_j} \mu_i + \bar{\xi}_j \sqrt{\sum_{i\varepsilon M_j} \sigma_i^2} \leqq \bar{c} \qquad (j=1,\ldots,N).$$

In diesen Bedingungen stellt der erste Summand auf der linken Seite die erwartete Stationszeit dar, während der zweite Summand als Sicherheitsäquivalent oder als Schlupfzeit interpretiert werden kann. Diese Schlupfzeit, die im Gegensatz zu den Korrekturverfahren außer von der Höhe des Sicherheitsfaktors $\bar{\xi}_j$ besonders von der Varianz der Elementzeiten der der betreffenden Station zugeordneten Arbeitselemente abhängig ist, gewährleistet, daß die Taktzeit an jeder Station mit einer Wahrscheinlichkeit von maximal $(1 - \delta_j) \cdot 100$ % überschritten wird. Je kleiner das Risiko von Taktzeitüberschreitungen sein soll, d.h. je größer die Wahrscheinlichkeiten δ_j gewählt werden, desto größere Werte nimmt der Sicherheitsfaktor $\bar{\xi}_j$ an, der angibt, das Wievielfache der Standardabweichung der Stationszeiten $\tilde{\tau}_j$ als Schlupfzeit gewünscht wird. Verzichtet man -

1) Vgl. MOODIE-YOUNG -1965-, S. 26; DEUTSCH -1971-, S. 52.

wie bei den in den Abschnitten 3.2.3. und 3.2.4. dargestellten Verfahren - auf eine solche Schlupfzeit und setzt man jeweils den Erwartungswert als Elementzeit an, wird die vorgegebene Taktzeit nur mit einer Wahrscheinlichkeit von 50 % eingehalten [1], da für δ_j = 0,50 der Sicherheitsfaktor $\bar{\xi}_j$ (j = 1,...,N) den Wert 0 annimmt.

Neben den Bedingungen (4.5b) sind die zwischen den Arbeitselementen bestehenden Reihenfolgebedingungen zu beachten. Unter Berücksichtigung dieser beiden Gruppen von Nebenbedingungen sind die Arbeitselemente auf die minimale Zahl der Arbeitsstationen zu verteilen. Zur Lösung dieses Fließbandabstimmungsproblems stehen die Prioritätsregelverfahren von MOODIE und RAMSING-DOWNING sowie ein von DEUTSCH entwickeltes Branch-and-Bound-Verfahren zur Verfügung [2], die als Taktzeitrestriktionen die Bedingungen (4.5b) verwenden, aber sonst die gleiche Struktur wie die in den Abschnitten 3.2.4.2. und 3.2.3.4. dargestellten Prioritätsregel- und Branch-and-Bound-Verfahren aufweisen.

---

1) Vgl. auch MANSOOR-BEN-TUVIA -1966-, S. 126.

2) Vgl. MOODIE -1964-, S. 90 ff.; MOODIE-YOUNG -1965-, S. 26 f.; RAMSING-DOWNING -1970-; DEUTSCH -1971-, S. 93 ff. Denkbar wäre auch, die Taktzeitbedingungen des ganzzahligen linearen Programms von WHITE als Wahrscheinlichkeitsrestriktionen zu formulieren. Zum auf diese Weise entstehenden Chance-constrained Programming vgl. z.B. CHARNES-COOPER -1959-; HILLIER -1967-, S. 34 ff.; FABER -1970-, S. 119 ff.; HAEGERT -1970-; BÜHLER-DICK -1973-, S. 101 ff.

4. 3. Erweiterung des kombinatorischen Verfahrens um Wahrscheinlichkeitsrestriktionen

4.3.1. Verfahren bei vorgegebenen Mindestwahrscheinlichkeiten

Während in den vorangehenden Abschnitten die Taktzeit als vorgegeben betrachtet wurde, soll diese im folgenden wieder simultan mit der Zahl der Arbeitsstationen und der Zuordnung der Arbeitselemente bestimmt werden. Gesucht ist zunächst eine solche Lösung des Problems der interdependenten Fließbandabstimmung, bei der an der Arbeitsstation j die Taktzeit mit einer Wahrscheinlichkeit von mindestens $\delta_j \cdot 100$ % eingehalten wird. Diese Mindestwahrscheinlichkeiten werden nur dann nicht unterschritten, wenn folgende Wahrscheinlichkeitsrestriktionen erfüllt werden:

$$\text{(4.6a)} \qquad \Pr\left(\sum_{i \in M_j} \tilde{t}_i \leqq c \right) \geqq \delta_j \qquad (j=1,\ldots,N).$$

Das deterministische Äquivalent dieser Nebenbedingungen läßt sich in gleicher Weise wie das für die stochastischen Bedingungen (4.3) ableiten und lautet:

$$\text{(4.6b)} \qquad \sum_{i \in M_j} \mu_i + \bar{\xi}_j \sqrt{\sum_{i \in M_j} \sigma_i^2} \leqq c \qquad (j=1,\ldots,N).$$

Neben den nunmehr deterministischen Taktzeitbedingungen (4.6b) sowie den zwischen den Arbeitselementen bestehenden Reihenfolgebedingungen sind auch die Beschränkungen für die Taktzeit und die Zahl der Stationen zu beachten. Unter Berücksichtigung dieser Nebenbedingungen sind Taktzeit und Zuordnung der Arbeitselemente auf die Arbeitsstationen derart zu bestimmen, daß der Gewinn pro Schicht

$$\text{(4.7)} \qquad G = (p - k_m) \frac{T}{c} - \sum_{j=1}^{N} K_j^P$$

maximiert wird. Obwohl eine solche Lösung des Problems der

interdependenten Fließbandabstimmung auch mit einer modifizierten Version des in Abschnitt 3.1. dargestellten ganzzahligen nichtlinearen Programmierungsansatzes [1] gewonnen werden kann, beschränken sich die folgenden Untersuchungen aufgrund der bei der Lösung derartiger Planungsmodelle auftretenden rechentechnischen Schwierigkeiten auf eine Fortentwicklung des in Abschnitt 3.2.1. dargestellten kombinatorischen Verfahrens. Da von den verschiedenen Versionen des kombinatorischen Verfahrens - wie die numerischen Erfahrungen im Abschnitt 3.2.5. gezeigt haben - die Version mit dem vom Verfasser weiterentwickelten Branch-and-Bound-Verfahren die besten Ergebnisse im Hinblick auf die Qualität der Lösungen lieferte, soll in diesem Abschnitt diese Version des kombinatorischen Verfahrens um Wahrscheinlichkeitsrestriktionen erweitert werden. Dabei wird für diesen Abschnitt von fest vorgegebenen Mindestwahrscheinlichkeiten ausgegangen und damit unterstellt,

---

1) Die wesentlichste Änderung besteht darin, daß an die Stelle der Taktzeitbedingungen (3.5c) die Wahrscheinlichkeitsrestriktionen

$$\text{(4.6c)} \qquad Pr\left(\sum_{i=1}^{I} \tilde{t}_i \cdot x_{ij} \leqq c\right) \geqq \delta_j \qquad (j=1,\ldots,J_o)$$

treten. In diesen Bedingungen ist die Zufallsvariable

$$\tilde{\tau}_j^* = \sum_{i=1}^{I} \tilde{t}_i \cdot x_{ij} \qquad (j=1,\ldots,J_o)$$

als Summe stochastisch unabhängig normalverteilter Elementzeiten ebenfalls normalverteilt mit dem Erwartungswert

$$E(\tilde{\tau}_j^*) = \sum_{i=1}^{I} \mu_i \cdot x_{ij} \qquad (j=1,\ldots,J_o)$$

und der Varianz

$$Var(\tilde{\tau}_j^*) = \sum_{i=1}^{I} \sigma_i^2 \cdot x_{ij}^2 \qquad (j=1,\ldots,J_o).$$

Entsprechend den Umformungen in Abschnitt 4.2.2. ergibt sich als deterministisches Äquivalent der Wahrscheinlichkeitsrestriktion (4.6c) für jede Station die folgende nichtlineare Nebenbedingung:

$$\sum_{i=1}^{I} \mu_i \cdot x_{ij} + \bar{\xi}_j \sqrt{\sum_{i=1}^{I} \sigma_i^2 \cdot x_{ij}^2} \leqq c \qquad (j=1,\ldots,J_o).$$

daß der Entscheidungsträger über die Auswirkungen der Taktzeitüberschreitungen subjektive Vorstellungen besitzt, die sich in der Höhe der Sicherheitsanforderungen niederschlagen. Das bedeutet, daß um so höhere Werte für die Mindestwahrscheinlichkeiten angesetzt werden, je höher die mit der Taktzeitüberschreitung verbundenen Nachbearbeitungskosten veranschlagt werden. Weiterhin wird für diesen Abschnitt - und auch für die weiteren Überlegungen - die Forderung einer ganzzahligen Taktzeit aufrechterhalten. Dadurch ist zwar nicht mehr die Optimalität des kombinatorischen Verfahrens gesichert, durch geeignete Wahl einer beliebig kleinen Grundzeiteinheit können jedoch dem Optimum sehr nahe gelegene Lösungen erzielt werden.

4.3.1.1. Verfahrensablauf

Das um Wahrscheinlichkeitsrestriktionen erweiterte kombinatorische Verfahren, bei dem die klassischen Fließbandabstimmungsprobleme mit dem oben entwickelten Branch-and-Bound-Verfahren behandelt werden, geht für den Fall vorgegebener Mindestwahrscheinlichkeiten in folgenden Schritten vor:

1. Schritt: Ermittlung des zulässigen Taktzeitintervalls

Ebenso wie bei der deterministischen Planungssituation ist die Taktzeit entsprechend der Bedingung (2.5) nach unten durch den Quotienten aus der Schichtzeit T und der maximalen Produktionsmenge X_o begrenzt. Darüber hinaus muß die Taktzeit mindestens so groß sein, daß den Stationen wenigstens ein Arbeitselement zugeordnet werden kann, ohne daß an der Station j die Taktzeit mit einer höheren Wahrscheinlichkeit als $(1 - \delta_j)$ 100 % überschritten wird. Diese Bedingung ist erfüllt, wenn für jedes

Arbeitselement und jede mögliche Arbeitsstation [1] die Wahrscheinlichkeitsrestriktion

$$Pr\ (\tilde{t}_i \leqq c) \geqq \delta_j \qquad (i=1,...,I)\ (j=1,...,N_{max})$$

erfüllt ist. Das deterministische Äquivalent dieser Nebenbedingungen läßt sich in gleicher Weise wie das für die Restriktionen (4.3) ableiten und lautet:

$$(4.8a) \qquad c \geqq \mu_i + \bar{\xi}_j \cdot \sigma_i \qquad (i=1,...,I)\ (j=1,...,N_{max}).$$

Die nunmehr deterministischen Bedingungen (4.8a) bringen zum Ausdruck, daß die Taktzeit für jedes Arbeitselement und jede mögliche Arbeitsstation die Summe aus dem Erwartungswert und der mit dem Sicherheitsfaktor $\bar{\xi}_j$ multiplizierten Standardabweichung σ_i der Elementzeit nicht unterschreiten darf. Da aus den Bedingungen (4.8a) unmittelbar

$$(4.8b) \quad c \geqq \max\ \{\mu_i + \bar{\xi}_j \cdot \sigma_i \mid i=1,...,I;\ j=1,...,N_{max}\}$$

folgt, ergibt sich aus den Ungleichungen (2.5) und (4.8b) als untere Grenze für die Taktzeit:

$$(4.9a) \quad c_u' = \max \left\{ \frac{T}{X_o},\ \max\ \{\mu_i + \bar{\xi}_j \cdot \sigma_i \mid i=1,...,I;\ j=1,...,N_{max}\} \right\}.$$

Ebenso wie bei der Ableitung der Taktzeituntergrenze sollen auch bei der Berechnung der Obergrenze des zulässigen Taktzeitintervalls die Beschränkungen für die Zahl der Stationen unberücksichtigt bleiben [2]. Somit wird die Taktzeitobergrenze

---

1) Obwohl die Arbeitselemente nicht jeder Station zugeordnet werden können, müssen alle Arbeitsstationen betrachtet werden, da die Stationen, der die Arbeitselemente frühestens (spätestens) zugeordnet werden können (müssen) - vgl. Abschnitt 3.1.1.4. - erst nach Kenntnis des zulässigen Taktzeitintervalls ermittelt werden können.

2) Diesen Beschränkungen wird erst im 2. Schritt des Verfahrens Rechnung getragen.

allein durch den Quotienten aus der Schichtzeit T und der während dieser Zeit mindestens herzustellenden Erzeugnismenge X_u bestimmt:

(4.9b)
$$c'_o = \frac{T}{X_u} .$$

Das bedeutet, daß die Taktzeit beliebige ganzzahlige Werte aus dem Intervall $\left[c'_u, c'_o\right]$ annehmen kann.

2. Schritt: Bildung und Bewertung von Kombinationen der Taktzeit und der Zahl der Stationen

Bei der Enumeration der relevanten Kombinationen der Taktzeit und der Zahl der Stationen wird mit der Taktzeituntergrenze $c'_1 = c'_u$ begonnen. Für diese Taktzeit erreicht der Gewinn

$$G = (p - k_m) \frac{T}{c'_1} - \sum_{j=1}^{N} K_j^P$$

wiederum dann sein Maximum, wenn möglichst wenig Arbeitsstationen eingerichtet werden. Aufgrund der für die Taktzeit c'_1 zu beachtenden Taktzeitrestriktionen

(4.10)
$$\sum_{i \varepsilon M_j} \mu_i + \xi_j \sqrt{\sum_{i \varepsilon M_j} \sigma_i^2} \leqq c'_1 \qquad (j=1,...,N)$$

kann eine zulässige Lösung des Problems der interdependenten Fließbandabstimmung nur dann existieren, wenn mindestens so viele Arbeitsstationen eingerichtet werden, daß die Bedingung

$$\sum_{j=1}^{N} \left(\sum_{i \varepsilon M_j} \mu_i + \xi_j \sqrt{\sum_{i \varepsilon M_j} \sigma_i^2} \right) \leqq N \cdot c'_1$$

bzw.

(4.11)
$$N \geqq \frac{\sum_{i=1}^{I} \mu_i + \sum_{j=1}^{N} \left(\xi_j \sqrt{\sum_{i \varepsilon M_j} \sigma_i^2} \right)}{c'_1}$$

erfüllt ist [1]. Aus der Ungleichung (4.11) ist jedoch ersichtlich, daß sich die theoretisch minimale Zahl der Stationen für die Taktzeit c_1', d.h. die kleinste ganze Zahl, für die (4.11) gilt, für $\bar{\xi}_j > 0$ $(j = 1,\ldots,N)$ erst nach Kenntnis der Zuordnung der Arbeitselemente berechnen läßt. Um dennoch verschiedene Kombinationen der Taktzeit und der Zahl der Stationen bilden und bewerten zu können, wird der zweite Summand im Zähler von (4.11) durch den von der Zuordnung unabhängigen Ausdruck

$$(4.12) \qquad \bar{\xi}_{min} \sqrt{\sum_{i=1}^{I} \sigma_i^2}$$

mit

$$\bar{\xi}_{min} = \min \{\bar{\xi}_j \mid j = 1,\ldots, N_{max}\}$$

ersetzt. Dieser Ausdruck ist selbst dann, wenn alle Mindestwahrscheinlichkeiten und damit auch alle Sicherheitsfaktoren übereinstimmen [2], kleiner als der zweite Summand im Zähler von (4.11), da aufgrund der Bedingung

$$\sqrt{\sum_{j=1}^{N} e_j} < \sqrt{e_1} + \ldots + \sqrt{e_N}$$

mit $e_j > 0$ $(j = 1,\ldots,N)$ die Bedingung

$$(4.13a) \qquad \bar{\xi}_{min} \sqrt{\sum_{j=1}^{N} \sum_{i \varepsilon M_j} \sigma_i^2} < \bar{\xi}_{min} \sum_{j=1}^{N} \left(\sqrt{\sum_{i \varepsilon M_j} \sigma_i^2} \right)$$

bzw.

$$(4.13b) \qquad \bar{\xi}_{min} \sqrt{\sum_{i=1}^{I} \sigma_i^2} < \bar{\xi}_{min} \sum_{j=1}^{N} \left(\sqrt{\sum_{i \varepsilon M_j} \sigma_i^2} \right)$$

---

1) Aufgrund der Bedingungen (2.15a) und (2.15b) gilt:

$$\sum_{j=1}^{N} \sum_{i \varepsilon M_j} \mu_i = \sum_{i=1}^{I} \mu_i .$$

2) Es gilt dann: $\bar{\xi}_j = \bar{\xi}_{min}$ $(j = 1,\ldots,N_{max})$.

gilt [1]. Damit kann der Taktzeit c_1' die folgende Zahl der Stationen zugeordnet werden:

(4.14) $$m_1' = \left[\frac{\sum_{i=1}^{I} \mu_i + \bar{\xi}_{min}\sqrt{\sum_{i=1}^{I} \sigma_i^2}}{c_1'}\right]^+ .$$

Das auf diese Weise ermittelte Wertepaar (c_1', m_1') ist jedoch nur dann zulässig, wenn die Bedingung

(4.15) $$m_1' \leqq N_{max}$$

erfüllt ist. Daher ist für den Fall, daß m_1' die maximal mögliche Zahl der Stationen N_{max} überschreitet, die Taktzeit - ausgehend von c_1' - so lange zu erhöhen, bis die Bedingung (4.15) erfüllt ist.

Von den weiteren innerhalb des zulässigen Taktzeitintervalls liegenden Taktzeiten sind zunächst nur die Taktzeiten

(4.16) $$c_\nu' = \left[\frac{\sum_{i=1}^{I} \mu_i + \bar{\xi}_{min}\sqrt{\sum_{i=1}^{I} \sigma_i^2}}{m_\nu'}\right]^+ \qquad (\nu=2,\ldots,\bar{\nu})$$

von Bedeutung. Diese Taktzeiten ergeben sich dadurch, daß die alternativ vorgegebene Zahl der Stationen, beginnend mit $m_2' = m_1' - 1$, um jeweils eine Einheit bis auf höchstens $m_{\bar{\nu}}' = 2$ reduziert wird [2]. Dabei wird ebenso wie bei der Ableitung der der Taktzeit c_1' zuzuordnenden Zahl der Stationen von dem von

---

1) Die Bedingung (4.13b) muß erfüllt sein, da andernfalls "gute" Lösungen des Problems der interdependenten Fließbandabstimmung ausgeschlossen werden. Dabei gilt wiederum aufgrund der Bedingungen (2.15a) und (2.15b):

$$\sum_{j=1}^{N} \sum_{i\varepsilon M_j} \sigma_i^2 = \sum_{i=1}^{I} \sigma_i^2 .$$

2) Wie beim deterministischen Ansatz ist $m_{\bar{\nu}}' = 1$ nicht mehr zulässig, da die Arbeitselemente auf mindestens zwei Arbeitsstationen zu verteilen sind.

der Zuordnung unabhängigen Ausdruck (4.12) ausgegangen, da andernfalls die Taktzeiten mit

$$(4.17) \quad c''_\nu = \left[\frac{\sum_{i=1}^{I} \mu_i + \sum_{j=1}^{m'_\nu} \left(\bar{\xi}_j \sqrt{\sum_{i \in M_j} \sigma_i^2} \right)}{m'_\nu} \right]^+ \qquad (\nu=2,\dots,\bar{\nu})$$

für $\bar{\xi}_j > 0$ $(j = 1,\dots,m'_\nu)$ erst nach Kenntnis der Zuordnung der Arbeitselemente berechnet werden können.

Für alle der auf diese Weise gebildeten (c', m') - Kombinationen und für das Wertepaar (c'_1, m'_1) wird schließlich der zugehörige theoretisch erreichbare Gewinn

$$G'_\nu = (p - k_m) \frac{T}{c'_\nu} - \sum_{j=1}^{m'_\nu} K_j^P \qquad (\nu=1,\dots,\bar{\nu})$$

berechnet.

3. Schritt: Ermittlung der gewinnmaximalen (c', m') - Kombination

Von den - im 2. und gegebenenfalls im 5. Schritt - gebildeten (c', m') - Kombinationen wird diejenige Kombination $\hat{\nu}$ mit der Taktzeit $c'_{\hat{\nu}}$ und $m'_{\hat{\nu}}$ Stationen ermittelt, bei der der theoretisch erreichbare Gewinn mit $G'_{\hat{\nu}}$ sein Maximum erreicht.

4. Schritt: Klassische Fließbandabstimmung für die Taktzeit $c'_{\hat{\nu}}$

Zur Überprüfung, ob für die Taktzeit $c'_{\hat{\nu}}$ eine Zuordnung der Arbeitselemente auf $m'_{\hat{\nu}}$ Stationen realisierbar ist, wird das oben entwickelte Branch-and-Bound-Verfahren zur klassischen Fließbandabstimmung gelöst. Dieses Verfahren weist gegenüber der deterministischen Planungssituation die folgenden Unterschiede auf:

(1) Innerhalb des Näherungsverfahrens, das der gemischt parallel und sequentiell organisierten Enumeration der vollständigen Kombinationen vorgeschaltet ist, kommen für die Zuordnung nur solche Arbeitselemente in Betracht, die die Reihenfolgebedingungen und die Taktzeitrestriktionen

$$(4.18) \qquad \sum_{i \in M_j} \mu_i + \bar{\xi}_j \sqrt{\sum_{i \in M_j} \sigma_i^2} \leq c_\nu' \qquad (j=1,\ldots,m_\nu')$$

erfüllen [1]. Von diesen zuweisbaren Arbeitselementen hat jeweils das Arbeitselement mit dem höchsten Erwartungswert die höchste Priorität.

(2) Können im Laufe des Näherungsverfahrens der Arbeitsstation j ($j = 1,\ldots,m_\nu' - 1$) keine weiteren Arbeitselemente zugeordnet werden, wird die Summe der Leerzeiten der bisher aufgebauten Stationen

$$(4.19) \qquad \sum_{j^*=1}^{j} \left(c_\nu' - \sum_{i \in M_{j^*}} \mu_i - \bar{\xi}_{j^*} \sqrt{\sum_{i \in M_{j^*}} \sigma_i^2} \right) \quad (j=1,\ldots,m_\nu'-1)$$

mit der oberen Schranke

$$(4.20) \qquad Z_o = m_\nu' \cdot c_\nu' - \sum_{i=1}^{I} \mu_i - \bar{\xi}_{min} \sqrt{\sum_{i=1}^{I} \sigma_i^2}$$

verglichen. Bei dieser Formulierung der oberen Schranke wird wie beim 2. Schritt von dem von der Zuordnung unabhängigen Ausdruck (4.12) ausgegangen, da sich die theoretisch minimale Gesamtleerzeit

$$L'_{min} = m_\nu' \cdot c_\nu' - \sum_{i=1}^{I} \mu_i - \sum_{j=1}^{m_\nu'} \left(\bar{\xi}_j \sqrt{\sum_{i \in M_j} \sigma_i^2} \right)$$

für $\bar{\xi}_j > 0$ ($j = 1,\ldots,m_\nu'$) wiederum erst nach Kenntnis der Zuordnung der Arbeitselemente bestimmen läßt.

---

1) Ein Vergleich der Elementzeiten mit der restlichen Leerzeit wie im deterministischen Fall ist aufgrund der Schlupfzeit, die auch von den Varianzen der bisher zugeteilten Arbeitselemente abhängt, nicht mehr möglich.

(3) Bei der Bildung der vollständigen Kombinationen wird wie beim Näherungsverfahren von Arbeitselementen ausgegangen, die hinsichtlich der Reihenfolgebedingungen und der Taktzeitrestriktionen (4.18) zulässig sind.

(4) Jede vollständige Kombination wird mit der unteren Schranke (4.19), der Summe der Leerzeiten der bisher aufgebauten Stationen, bewertet und, sofern diese die obere Schranke Z_o nicht überschreitet, gespeichert [1].

(5) Während beim deterministischen Ansatz die unteren Schranken der jeweils letzten Kombinationen inhaltlich identischer Teilfolgen, die die gleiche Zahl der Stationen erfordern, übereinstimmen und somit eine dieser Teilfolgen willkürlich ausgeschieden werden kann, weichen die unteren Schranken für die stochastische Entscheidungssituation aufgrund der Varianzen der Elementzeiten in der Regel voneinander ab. Betrachtet man zum Beispiel die Teilfolgen (1-2-3-4) und (1-3-2-4), unterscheiden sich die unteren Schranken der Kombinationen für die zweite Station, {3,4} und {2,4}, um die von den Varianzen der Elementzeiten abhängigen Ausdrücke

$$\bar{\xi}_1 \sqrt{\sigma_1^2 + \sigma_2^2} + \bar{\xi}_2 \sqrt{\sigma_3^2 + \sigma_4^2}$$

und

$$\bar{\xi}_1 \sqrt{\sigma_1^2 + \sigma_3^2} + \bar{\xi}_2 \sqrt{\sigma_2^2 + \sigma_4^2} .$$

Für $\sigma_2^2 \neq \sigma_3^2$ weichen diese Ausdrücke voneinander ab, so daß von beiden Kombinationen diejenige mit der geringsten unteren Schranke weiterzuverfolgen ist.

---

1) Vgl. hierzu den 8. Schritt des in Abschnitt 3.2.3.4. dargestellten Branch-and-Bound-Verfahrens.

Wird innerhalb des auf diese Weise modifizierten Verfahrens die Arbeitsstation $m'_{\hat{\nu}}$ erreicht, werden dieser die bisher nicht zugeteilten Arbeitselemente zugeordnet. Damit ist für die Taktzeit $c'_{\hat{\nu}}$ die gewünschte Zuordnung der Arbeitselemente auf $m'_{\hat{\nu}}$ Stationen und zugleich die Lösung des Problems der interdependenten Fließbandabstimmung gefunden. Ist dagegen diese gewünschte Zuordnung nicht realisierbar, folgt Schritt 5.

5. Schritt: Korrektur der Kombination $\hat{\nu}$

Ebenso wie beim kombinatorischen Verfahren für deterministische Elementzeiten wird für die nicht realisierbare Kombination $\hat{\nu}$ die bisherige Taktzeit $c'_{\hat{\nu}}$ um eine Zeiteinheit erhöht. Sofern die auf diese Weise gebildete Taktzeit die Taktzeitobergrenze c'_o nicht überschreitet und bisher nicht gespeichert wurde, wird für diese Taktzeit und die bisherige Zahl von $m'_{\hat{\nu}}$ Stationen der zugehörige theoretisch erreichbare Gewinn $G'_{\hat{\nu}}$ berechnet. Andernfalls wird $G'_{\hat{\nu}}$ mit $-\infty$ angesetzt, und das Verfahren fährt ebenso wie im ersten Fall mit Schritt 3 fort.

Das durch die vorstehende Schrittfolge beschriebene Verfahren zeigt, daß auch zur Lösung des Problems der interdependenten Fließbandabstimmung bei stochastischen Elementzeiten auf klassische Fließbandabstimmungsverfahren zurückgegriffen werden kann. Allerdings ist mit diesem Verfahren ein höherer Rechenaufwand als mit dem kombinatorischen Verfahren bei deterministischen Elementzeiten verbunden. Dies ist außer auf die Bestimmung der Sicherheitsfaktoren $\bar{\xi}_j$ über die Verteilungsfunktion $\Phi(\xi)$ in erster Linie auf die Verwendung des von der Zuordnung der Arbeitselemente unabhängigen Ausdrucks (4.12) zurückzuführen. Dieser Ausdruck bewirkt zwar, daß die Taktzeiten c'_{ν} gemäß (4.16) und die Zahl der Stationen m'_1 gemäß (4.14) derart gewählt werden, daß die Bedingungen

$$m'_\nu \cdot c'_\nu \geqq \sum_{i=1}^{I} \mu_i + \bar{\xi}_{min} \sqrt{\sum_{i=1}^{I} \sigma_i^2} \qquad (\nu=1,\ldots,\bar{\nu})$$

erfüllt sind, garantiert jedoch nicht immer die Erfüllung der notwendigen Bedingung für eine zulässige Lösung des Problems der interdependenten Fließbandabstimmung

$$m'_\nu \cdot c'_\nu \geqq \sum_{i=1}^{I} \mu_i + \sum_{j=1}^{m'_\nu} \left(\bar{\xi}_j \sqrt{\sum_{i \in M_j} \sigma_i^2} \right) \qquad (\nu=1,\ldots,\bar{\nu}).$$

Dadurch ist gegenüber der deterministischen Planungssituation - besonders bei hohen Mindestwahrscheinlichkeiten - eine größere Zahl klassischer Fließbandabstimmungsprobleme zu lösen und damit ein höherer Rechenaufwand erforderlich. Darüber hinaus kann das klassische Fließbandabstimmungsverfahren erst dann abgebrochen werden, wenn die Summe der Leerzeiten der bisher aufgebauten Stationen die obere Schranke Z_o ($Z_o \geqq L'_{min}$) überschreitet. Ein weiterer Nachteil des oben beschriebenen Verfahrens besteht darin, daß für jede Arbeitsstation die gewünschte Mindestwahrscheinlichkeit bekannt sein muß. Ist diese Voraussetzung nicht erfüllt, kann das Verfahren dennoch angewendet werden, indem es für alternative Kombinationen der Mindestwahrscheinlichkeiten gelöst wird. Allerdings empfiehlt es sich, aufgrund der großen Zahl solcher Parameterkombinationen [1] und des hiermit verbundenen hohen Rechenaufwandes nicht mehr für jede Arbeitsstation eine unterschiedliche Sicherheitsanforderung δ_j vorzugeben, sondern von einer einheitlichen Mindestwahrscheinlichkeit δ für alle Stationen auszugehen [2]. Durch eine derartige Parametrisierung des Verfahrens gelingt es, die Auswirkungen unterschiedlicher Mindestwahrscheinlichkeiten auf die Höhe des Gewinns, die Taktzeit und die Zahl der Stationen sowie die Zuordnung der Arbeitselemente zu erkennen.

---

1) Sind beispielsweise für ein Problem mit 5 Arbeitsstationen für jede Station jeweils 10 verschiedene Mindestwahrscheinlichkeiten möglich, ergeben sich bereits 100000 verschiedene Parameterkombinationen.

2) Mit Hilfe von Gewichtungsfaktoren können zwar auch unterschiedliche Mindestwahrscheinlichkeiten berücksichtigt werden, jedoch sind diese gegenseitig voneinander abhängig.

4.3.1.2. Beispiel

Zur Veranschaulichung des kombinatorischen Verfahrens bei vorgegebenen Mindestwahrscheinlichkeiten dient das bereits mehrfach verwendete Beispiel, dessen Vorranggraph in Abbildung 2.-1 [1] dargestellt ist. Dabei soll mit Ausnahme der fest vorgegebenen Elementzeiten von den in Abschnitt 3.2.2. verwendeten Daten und von den in der Tabelle 4.-1 angegebenen Erwartungswerten [2] und Varianzen der Elementzeiten sowie von der zunächst als bekannt vorausgesetzten und für alle Stationen gleich hohen Mindestwahrscheinlichkeit $\delta = 0{,}80$ ausgegangen werden.

i	μ_i	σ_i^2
1	7	1,8
2	8	2,6
3	4	1,75
4	5	1,6
5	10	3,6
6	5	1,55
7	1	0,2
8	8	1,95
9	3	0,75
10	9	3,45

Tab. 4.-1

Innerhalb des durch (4.9a) und (4.9b) bestimmten zulässigen Taktzeitintervalls $[14,\ 28]$ sind für

$$\sum_{i=1}^{10} \mu_i = 60,$$

1) Vgl. S. 18.

2) Als Erwartungswerte werden die in Sekunden angegebenen Elementzeiten des deterministischen Problems angesetzt.

$$\sum_{i=1}^{10} \sigma_i^2 = 19{,}25$$

$$\text{und } \bar{\xi}_{min} = \bar{\xi}_j = 0{,}84 \quad (j=1,\ldots,5)$$

zunächst die folgenden (c', m') - Kombinationen sowie deren theoretisch erreichbaren Gewinnwerte von Bedeutung (vgl. Tabelle 4.-2):

ν	c'_ν	m'_ν	G'_ν
1	14	5	1500,-
2	16	4	1650,-
3	22	3	1118,18

Tab. 4.-2

Da der maximale theoretisch erreichbare Gewinn bei der Kombination $\hat{\nu} = 2$ liegt, ist für die Taktzeit $c'_2 = 16$ das erste klassische Fließbandabstimmungsproblem zu lösen. Jedoch kann das Näherungsverfahren bereits nach der Bildung der vollständigen Kombination {1,3} für die erste Station abgebrochen werden, da die Leerzeit mit 3,42 Sekunden die obere Schranke $Z_o = 0{,}31$ übersteigt. Darüber hinaus ermöglicht auch der exakte Teil des Branch-and-Bound-Verfahrens keine Zuordnung mit $m'_2 = 4$ Stationen, da für die erste Station keine vollständige Kombination existiert, deren untere Schranke kleiner oder gleich der oberen Schranke ist. Daher ist die Taktzeit c'_2 auf 17 Sekunden zu erhöhen und zusammen mit $m'_2 = 4$ Stationen und dem theoretisch erreichbaren Gewinn $G'_2 = 1341{,}17$ DM in den Kalkül einzubeziehen, so daß nunmehr die folgenden (c', m') - Kombinationen zu berücksichtigen sind (vgl. Tabelle 4.-3):

ν	c'_ν	m'_ν	G'_ν
1	14	5	1500,-
2	17	4	1341,17
3	22	3	1118,18

Tab. 4.-3

Für die Taktzeit $c_1' = 14$, die zusammen mit $m_1' = 5$ Stationen den maximalen theoretisch erreichbaren Gewinn liefert, ist erneut ein klassisches Fließbandabstimmungsproblem zu lösen. Diese (c', m') - Kombination ist jedoch ebenfalls nicht realisierbar, wie auch die folgenden Kombinationen mit der Taktzeit $c_2' = 17$ und $m_2' = 4$ Stationen sowie der Taktzeit $c_3' = 22$ und $m_3' = 3$ Stationen mit den theoretisch erreichbaren Gewinnen von $G_2' = 1341{,}17$ DM und $G_3' = 1118{,}18$ DM, so daß im Anschluß an den vierten Abstimmungslauf die Tabelle 4.-4 die folgenden (c', m') - Kombinationen enthält:

ν	c_ν'	m_ν'	G_ν'
1	15	5	1100,-
2	18	4	1066,67
3	23	3	952,17

Tab. 4.-4

Da der theoretisch erreichbare Gewinn nunmehr bei der Taktzeit $c_1' = 15$ sein Maximum erreicht, ist für diese Taktzeit erneut zu prüfen, ob eine Zuordnung der Arbeitselemente auf $m_1' = 5$ Stationen möglich ist. In diesem Fall liefert bereits das Näherungsverfahren die gewünschte Zuordnung, so daß die "beste" Lösung des Problems der interdependenten Fließbandabstimmung unter der Voraussetzung, daß die Taktzeit an jeder Station mit einer Wahrscheinlichkeit von mindestens 80 % eingehalten wird, mit einer Taktzeit von 15 Sekunden und 5 Stationen erreicht wird. Der maximale Gewinn pro Schicht beträgt DM 1100,-, während die Zuordnung der Arbeitselemente auf die 5 einzurichtenden Stationen sowie die erwartete Stationszeit $\sum_{i \varepsilon M_j} \mu_i$ und das Sicherheitsäquivalent $\xi_j \sqrt{\sum_{i \varepsilon M_j} \sigma_i^2}$ dieser Stationen in der Tabelle 4.-5 angegeben sind:

Station	Arbeitselemente	erwartete Stationszeit	Sicherheits-äquivalent
1	1 3	11	1,58
2	5	10	1,59
3	2 6	13	1,71
4	8 4	13	1,58
5	9 7 10	13	1,76

Tab. 4.-5

Wird schließlich die Mindestwahrscheinlichkeit nicht als im voraus bekannt unterstellt, sondern - beginnend mit $\delta = 0{,}50$ - um jeweils 0,01 bis 0,99 erhöht und für jede dieser Wahrscheinlichkeiten das im vorangehenden Abschnitt formulierte Verfahren gelöst, erhält man den in der Tabelle 4.-6 angegebenen Gewinn pro Schicht mit der zugehörigen Taktzeit, der Zahl der Stationen sowie der Zuordnung der Arbeitselemente in Abhängigkeit von der Mindestwahrscheinlichkeit. Anhand dieser Ergebnisse läßt sich der Einfluß unterschiedlicher Mindestwahrscheinlichkeiten auf den Gewinn, die Taktzeit und die Zahl der Stationen sowie die Zuordnung der Arbeitselemente vor der Festlegung des gewünschten Parameters δ erkennen. Aus der Tabelle 4.-6 ist ersichtlich, daß der Gewinn in Abhängigkeit der Mindestwahrscheinlichkeit eine schwach-monoton fallende Funktion ist. Dies ist darauf zurückzuführen, daß mit steigender Mindestwahrscheinlichkeit entweder eine höhere Taktzeit oder mehr Arbeitsstationen erforderlich sein können, wodurch der Gewinn fällt. Betrachtet man beispielsweise die "beste" Lösung für die Mindestwahrscheinlichkeit $\delta = 0{,}93$, so ergibt sich, daß diese Lösung für höhere Mindestwahrscheinlichkeiten nicht mehr zulässig ist, da die Summe aus erwarteter Stationszeit und Sicherheitsäquivalent für die zweite Arbeitsstation die Taktzeit von 24 Sekunden überschreitet. Für $0{,}94 \leqq \delta \leqq 0{,}96$ wird bei unveränderter Zuordnung der Arbeitselemente die Taktzeit auf 25 Sekunden erhöht, wodurch der Gewinn auf DM 660,- fällt. Außerdem zeigt die Tabelle 4.-6, daß sich für $\delta = 0{,}50$

Mindest-wahrscheinlichkeit	Gewinn	Taktzeit	Zahl der Stationen	Zuordnung der Arbeitselemente
$\delta = 0{,}50$	1650,-	16	4	1-2/3-5/6-8-9/4-7-10
$0{,}51 \leq \delta \leq 0{,}68$	1500,-	14	5	1-3/5/2-6/8-4/9-7-10
$0{,}69 \leq \delta \leq 0{,}77$	1118,18	22	3	1-2-4/3-5-6-7/8-10-9
$0{,}78 \leq \delta \leq 0{,}82$	1100,-	15	5	1-3/5/2-6/8-4/9-7-10
$\delta = 0{,}83$	1100,-	15	5	1-3/2-4/5-7/6-8/9-10
$0{,}84 \leq \delta \leq 0{,}86$	952,17	23	3	1-2-4/3-5-6-7/8-10-9
$0{,}87 \leq \delta \leq 0{,}92$	821,04	19	4	1-2/3-5/6-8-9/4-7-10
$\delta = 0{,}93$	800,-	24	3	1-2-4/3-5-6-7/8-10-9
$0{,}94 \leq \delta \leq 0{,}96$	660,-	25	3	1-2-4/3-5-6-7/8-10-9
$\delta = 0{,}97$	600,-	20	4	1-2/3-5/6-8-9/4-7-10
$\delta = 0{,}98$	530,76	26	3	1-2-4/3-5-6-7/8-10-9
$\delta = 0{,}99$	411,10	27	3	1-2-4/3-5-6-7/8-10-9

Tab. 4.-6

die bereits in Abschnitt 3.2.2. bestimmte Lösung ergibt, da für $\delta = 0{,}50$ die Sicherheitsfaktoren den Wert Null annehmen und damit das Verfahren bei vorgegebenen Mindestwahrscheinlichkeiten mit dem kombinatorischen Verfahren bei deterministischen Elementzeiten übereinstimmt.

4.3.2. Verfahren bei variablen Mindestwahrscheinlichkeiten

Im vorangehenden Abschnitt wurden die Mindestwahrscheinlichkeiten, mit denen an jeder Arbeitsstation die Taktzeit eingehalten werden muß, als vorgegeben betrachtet. Diese Voraussetzung soll im folgenden aufgehoben werden, und die Mindestwahrscheinlichkeiten sollen simultan mit der Planung der Taktzeit, der Zahl der Stationen und der Zuordnung der Arbeitselemente festgelegt werden. Zur Lösung dieser erweiterten Problemstellung reicht es nicht mehr aus, die Kosten der Taktzeitüberschreitungen über die vorgegebenen Mindestwahrscheinlichkeiten einzubeziehen, sondern die mit einer Verletzung der Taktzeitbedingungen verbundenen Kosten sind explizit in die Zielfunktion des kombinatorischen Verfahrens aufzunehmen [1].

Werden entlang des Fließbandes N Arbeitsstationen eingerichtet und entsprechend der Prämisse (21) die n_j an der Station j $(j = 1,\ldots,N)$ vom Band abgenommenen Erzeugniseinheiten zu Nachbearbeitungskosten von k_j Geldeinheiten pro Stück in Reparaturstationen vervollständigt, sind mit den Taktzeitüberschreitungen insgesamt die folgenden Nachbearbeitungskosten verbunden:

$$K_N = \sum_{j=1}^{N} k_j \cdot n_j .$$

1) FREEMAN (-1967-, S. 42), BRENNECKE (-1968-, S. 229) und WILD (-1972-, S. 106) fordern ein ähnliches Vorgehen für die klassische Fließbandabstimmung.

Die Zahl der nachzubearbeitenden Erzeugniseinheiten ist dabei außer von der Anzahl der während einer Schicht hergestellten Erzeugniseinheiten (T/c) von der Wahrscheinlichkeit der Nachbearbeitung einer Erzeugniseinheit (α_j) abhängig und beträgt:

$$n_j = \frac{T}{c} \cdot \alpha_j \qquad (j=1,...,N). \tag{4.21}$$

Aufgrund (4.21) gilt nunmehr für die gesamten Kosten der Nachbearbeitung:

$$K_N = \frac{T}{c} \sum_{j=1}^{N} k_j \cdot \alpha_j \; . \tag{4.22}$$

Die Wahrscheinlichkeit α_1, mit der eine Erzeugniseinheit bereits nach der ersten Station das Fließband verläßt, stimmt mit der Wahrscheinlichkeit überein, mit der an dieser Station die Stationszeit die Taktzeit überschreitet:

$$\alpha_1 = Pr\ (\tilde{\tau}_1 > c)\ . \tag{4.23a}$$

Dagegen ergeben sich die Wahrscheinlichkeiten der Nachbearbeitung einer Erzeugniseinheit für die weiteren Stationen, indem man jeweils die Wahrscheinlichkeit der Taktzeitüberschreitung

$$Pr\ (\tilde{\tau}_j > c) \qquad (j=2,...,N)$$

mit dem Produkt der Komplementärwahrscheinlichkeiten der vorhergehenden Stationen

$$\prod_{j^*=1}^{j-1} Pr\ (\tilde{\tau}_{j^*} \leqq c) \qquad (j=2,...,N)$$

multipliziert:

$$\alpha_j = Pr\ (\tilde{\tau}_j > c) \prod_{j^*=1}^{j-1} Pr\ (\tilde{\tau}_{j^*} \leqq c) \qquad (j=2,...,N). \tag{4.23b}$$

Da die Stationszeiten $\tilde{\tau}_j$ ebenso wie die Elementzeiten der Arbeitselemente normalverteilte Zufallsvariablen [1] sind, lassen sich die Wahrscheinlichkeiten (4.23a) und (4.23b) sehr einfach über die tabellierte Verteilungsfunktion $\Phi(\xi)$ der Standardnormalverteilung bestimmen. So betragen aufgrund der standardnormalverteilten Zufallsvariablen

$$\frac{\tilde{\tau}_j - E(\tilde{\tau}_j)}{\sqrt{Var(\tilde{\tau}_j)}} = \frac{\tilde{\tau}_j - \sum\limits_{i \in M_j} \mu_i}{\sqrt{\sum\limits_{i \in M_j} \sigma_i^2}} \qquad (j=1,\ldots,N)$$

die Wahrscheinlichkeiten der Taktzeitüberschreitung

$$Pr\,(\tilde{\tau}_j > c) = 1 - \Phi\left(\frac{c - \sum\limits_{i \in M_j} \mu_i}{\sqrt{\sum\limits_{i \in M_j} \sigma_i^2}}\right) \qquad (j=1,\ldots,N)$$

und deren Komplementärwahrscheinlichkeiten

$$Pr\,(\tilde{\tau}_j \leqq c) = \Phi\left(\frac{c - \sum\limits_{i \in M_j} \mu_i}{\sqrt{\sum\limits_{i \in M_j} \sigma_i^2}}\right) \qquad (j=1,\ldots,N).$$

Mit Hilfe der Gleichungen (4.23a) und (4.23b) erhält man schließlich für die gesamten Nachbearbeitungskosten:

$$(4.24) \qquad K_N = \frac{T}{c}\left\{k_1 \cdot Pr\,(\tilde{\tau}_1 > c) + \sum_{j=2}^{N}\left[k_j \cdot Pr\,(\tilde{\tau}_j > c) \prod_{j^*=1}^{j-1} Pr\,(\tilde{\tau}_{j^*} \leqq c)\right]\right\},$$

so daß die Zielfunktion, die nunmehr den effektiven Gewinn, d.h. den Gewinn nach Abzug der gesamten Nachbearbeitungskosten darstellt, das folgende Aussehen hat:

---

1) Vgl. Abschnitt 4.2.2.

$$(4.25)\quad G^{+} = (p - k_m)\,\frac{T}{c} - \sum_{j=1}^{N} K_j^P - \frac{T}{c}\Bigg\{ k_1 \cdot Pr\,(\tilde{\tau}_1 > c) + \sum_{j=2}^{N} \Big[k_j \cdot Pr\,(\tilde{\tau}_j > c) \prod_{j^*=1}^{j-1} Pr\,(\tilde{\tau}_{j^*} \leqq c)\Big]\Bigg\} \rightarrow \max!.$$

Diese Zielfunktion ist unter Beachtung der Beschränkungen für die Taktzeit und die Zahl der Stationen, der Reihenfolgebedingungen sowie der Taktzeitrestriktionen (4.6b) zu maximieren.

4.3.2.1. Lösungskonzept

In diesem Abschnitt soll gezeigt werden, wie durch Einbeziehung der durch Taktzeitüberschreitungen verursachten Nachbearbeitungskosten die Mindestwahrscheinlichkeiten simultan mit der Planung der Taktzeit, der Zahl der Stationen und der Zuordnung der Arbeitselemente bestimmt werden können. Grundsätzlich besteht die Möglichkeit, das oben beschriebene Problem der interdependenten Fließbandabstimmung bei stochastischen Elementzeiten in der Weise zu lösen, daß zunächst für jede mögliche Kombination der Mindestwahrscheinlichkeiten diejenige Taktzeit und Zuordnung der Arbeitselemente auf die Arbeitsstationen bestimmt wird, bei der der effektive Gewinn sein Maximum erreicht. Von diesen Lösungen kann im zweiten Schritt diejenige Lösung ausgewählt werden, die den höchsten maximalen effektiven Gewinn aufweist. Da aber eine solche Vollenumeration bei einer größeren Zahl von Wahrscheinlichkeitskombinationen sehr aufwendig wird, soll im folgenden durch eine gezielte Teilenumeration versucht werden, mit erheblich geringerem Rechenaufwand eine zumindest dem Optimum sehr nahe gelegene Lösung zu gewinnen. Dazu dient das in der folgenden Schrittfolge dargestellte heuristische Verfahren (vgl. auch das Flußdiagramm, Abbildung 4.-1), bei dem von einer einheitlichen Mindestwahrscheinlichkeit δ für alle Stationen ausgegangen wird:

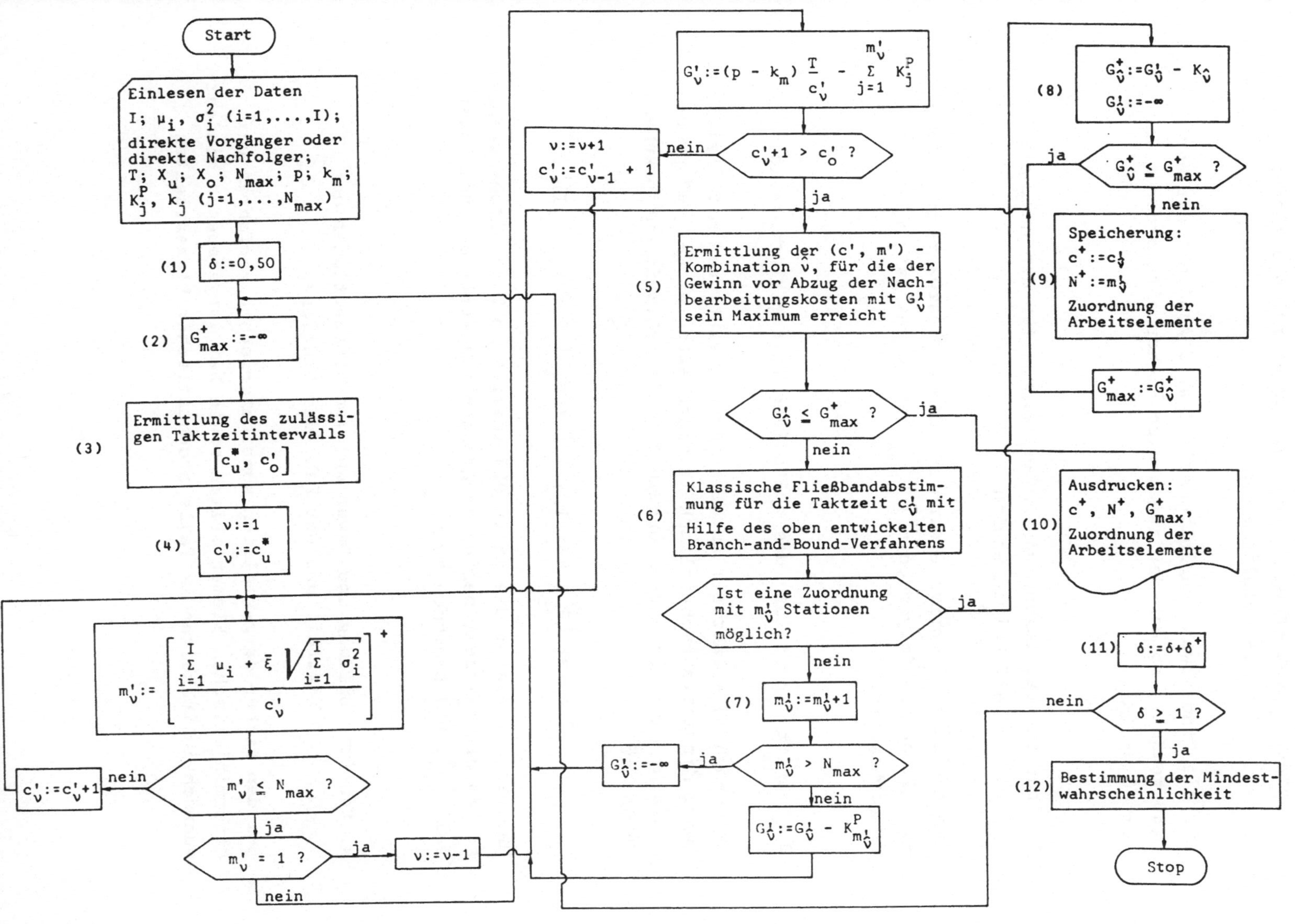
Start
Einlesen der Daten
I; μ_i, σ_i^2 (i=1,...,I);
direkte Vorgänger oder
direkte Nachfolger;
T; X_u; X_o; N_{max}; p; k_m;
K_j^P, k_j (j=1,...,N_{max})
(1)
$\delta:=0,50$
(2)
$G^+_{max}:=-\infty$
(3)
Ermittlung des zulässigen Taktzeitintervalls
$[c_u^*, c_o']$
(4)
$\nu:=1$
$c_\nu':=c_u^*$
$m_\nu' := \left[\frac{\sum_{i=1}^{I} \mu_i + \bar{\xi}\sqrt{\sum_{i=1}^{I}\sigma_i^2}}{c_\nu'}\right]^+$
$m_\nu' \leq N_{max}$?
nein
$c_\nu':=c_\nu'+1$
ja
$m_\nu' = 1$?
ja
$\nu:=\nu-1$
nein
$G_\nu':=(p-k_m)\frac{T}{c_\nu'} - \sum_{j=1}^{m_\nu'} K_j^P$
$c_\nu'+1 > c_o'$?
nein
$\nu:=\nu+1$
$c_\nu':=c_{\nu-1}'+1$
ja
(5)
Ermittlung der (c', m') - Kombination $\hat{\nu}$, für die der Gewinn vor Abzug der Nachbearbeitungskosten mit $G_{\hat{\nu}}'$ sein Maximum erreicht
$G_{\hat{\nu}}' \leq G^+_{max}$?
ja
nein
(6)
Klassische Fließbandabstimmung für die Taktzeit $c_{\hat{\nu}}'$ mit Hilfe des oben entwickelten Branch-and-Bound-Verfahrens
Ist eine Zuordnung mit $m_{\hat{\nu}}'$ Stationen möglich?
ja
nein
(7)
$m_{\hat{\nu}}':=m_{\hat{\nu}}'+1$
$m_{\hat{\nu}}' > N_{max}$?
ja
$G_{\hat{\nu}}':=-\infty$
nein
$G_{\hat{\nu}}':=G_{\hat{\nu}}' - K^P_{m_{\hat{\nu}}'}$
(8)
$G_{\hat{\nu}}^+:=G_{\hat{\nu}}' - K_{\hat{\nu}}$
$G_{\hat{\nu}}':=-\infty$
$G_{\hat{\nu}}^+ \leq G^+_{max}$?
ja
nein
(9)
Speicherung:
$c^+:=c_{\hat{\nu}}'$
$N^+:=m_{\hat{\nu}}'$
Zuordnung der Arbeitselemente
$G^+_{max}:=G^+_{\hat{\nu}}$
(10)
Ausdrucken:
c^+, N^+, G^+_{max},
Zuordnung der Arbeitselemente
(11)
$\delta:=\delta+\delta^+$
$\delta \geq 1$?
nein
ja
(12)
Bestimmung der Mindestwahrscheinlichkeit
Stop

1. Schritt: Festlegung des Anfangswertes für die Mindestwahrscheinlichkeit

Für die Mindestwahrscheinlichkeit δ wird zunächst der Wert 0,50 gewählt, so daß der zugehörige Sicherheitsfaktor $\bar{\xi}$ den Wert 0 annimmt.

2. Schritt: Festlegung des Anfangswertes für den maximalen effektiven Gewinn

Der maximale effektive Gewinn für die Mindestwahrscheinlichkeit δ, der im folgenden mit G^{+}_{max} bezeichnet ist, wird mit $-\infty$ vorbesetzt.

3. Schritt: Ermittlung des zulässigen Taktzeitintervalls

Da nunmehr die Taktzeit an allen Arbeitsstationen mit gleich hoher Mindestwahrscheinlichkeit eingehalten werden muß, vereinfacht sich die untere Grenze für die Taktzeit entsprechend (4.9a) zu

$$c_u^* = \max \left\{ \frac{T}{X_o}, \max \{\mu_i + \bar{\xi} \cdot \sigma_i \mid i = 1,\ldots,I\} \right\}.$$

Unverändert bleibt die in (4.9b) angegebene Taktzeitobergrenze, so daß die Taktzeit beliebige ganzzahlige Werte aus dem Intervall $\left[c_u^*, c_o'\right]$ annehmen kann.

4. Schritt: Bildung und Bewertung von Kombinationen der Taktzeit und der Zahl der Stationen

Bei den bisher dargestellten kombinatorischen Verfahren bei deterministischen Elementzeiten sowie bei vorgegebenen Mindestwahrscheinlichkeiten im Falle stochastischer Elementzeiten erreichte der Gewinn (4.7) bei gegebener Zahl der Stationen stets dann sein Maximum, wenn die Taktzeit minimiert wurde. Werden jedoch wie in diesem Abschnitt die aus Taktzeitüberschreitungen resultierenden Nachbearbeitungskosten in die Zielfunktion [1] einbezogen, kann eine Verringerung der Taktzeit bei jeweils vorgegebener Zahl der Stationen und konstanter Zuordnung der Arbeitselemente außer der Erhöhung des Überschusses der Erlöse über die Materialkosten auch zu einer Zunahme der gesamten Nachbearbeitungskosten führen. Denn mit verringerter Taktzeit sinken zwar die Wahrscheinlichkeiten, mit denen die Taktzeit eingehalten wird, jedoch steigen die Wahrscheinlichkeiten der Taktzeitüberschreitung an, so daß sich die Nachbearbeitungskosten insgesamt so stark erhöhen können, daß der effektive Gewinn fällt. Daraus folgt, daß der effektive Gewinn bei gegebener Stationenzahl sein Maximum auch an einer Taktzeit annehmen kann, die die kleinste realisierbare Taktzeit für die vorgegebene Stationenzahl überschreitet. Aus diesem Grunde werden im folgenden von vornherein sämtliche ganzzahligen Taktzeiten aus dem zulässigen Taktzeitintervall $\left[c_u^*, c_o'\right]$, sofern sie mindestens zwei Arbeitsstationen erfordern, bei der Bildung der (c', m') - Kombinationen berücksichtigt. Dabei wird jeder zulässigen Taktzeit c_ν' $(\nu=1,\ldots,\bar{\nu})$ die folgende Zahl der Stationen zugeordnet:

$$m_\nu' = \left[\frac{\sum_{i=1}^{I} \mu_i + \bar{\xi}\sqrt{\sum_{i=1}^{I} \sigma_i^2}}{c_\nu'}\right]^+ \qquad (\nu=1,\ldots,\bar{\nu}).$$

Überschreitet diese die maximale Zahl der Stationen N_{max}, ist die Taktzeit um jeweils eine Zeiteinheit so lange zu erhöhen, bis die Bedingung

$$m_\nu' \leq N_{max} \qquad (\nu=1,\ldots,\bar{\nu})$$

erfüllt ist. Die auf diese Weise gebildeten (c', m') - Kombinationen müßten mit dem effektiven Gewinn gemäß (4.25) bewertet

1) Vgl. Gleichung (4.25).

werden. Dies ist jedoch nicht möglich, da die Wahrscheinlichkeiten der Taktzeiteinhaltung und -überschreitung und damit die gesamten Nachbearbeitungskosten erst nach vollzogener Zuordnung der Arbeitselemente bestimmt werden können. Daher sollen die Nachbearbeitungskosten erst im weiteren Verlauf des Verfahrens einbezogen werden [1], und die (c', m') - Kombinationen sind mit dem Gewinn vor Abzug der Nachbearbeitungskosten

$$G'_{\nu} = (p - k_m) \frac{T}{c'_{\nu}} - \sum_{j=1}^{m'_{\nu}} K_j^P \qquad (\nu=1,\ldots,\bar{\nu})$$

zu bewerten.

5. Schritt: Ermittlung der gewinnmaximalen (c', m') - Kombination

Aus der Menge der (c', m') - Kombinationen wird diejenige Kombination $\hat{\nu}$ ermittelt, für die der Gewinn vor Abzug der Nachbearbeitungskosten mit $G'_{\hat{\nu}}$ sein Maximum erreicht. Überschreitet $G'_{\hat{\nu}}$ den bisher maximalen effektiven Gewinn G^+_{max}, d.h. den bisher maximalen Gewinn nach Abzug der Nachbearbeitungskosten, wird das Verfahren mit Schritt 6 fortgesetzt, andernfalls folgt Schritt 10.

6. Schritt: Klassische Fließbandabstimmung für die Taktzeit $c'_{\hat{\nu}}$

Für die Kombination $\hat{\nu}$ mit der Taktzeit $c'_{\hat{\nu}}$ und $m'_{\hat{\nu}}$ Stationen ist ein klassisches Fließbandabstimmungsproblem zu lösen, um zu prüfen, ob für die Taktzeit $c'_{\hat{\nu}}$ eine Zuordnung der Arbeitselemente auf $m'_{\hat{\nu}}$ Stationen erreichbar ist. Dazu wird wiederum das oben entwickelte Branch-and-Bound-Verfahren gelöst, das in Abschnitt 3.2.3.4. ausführlich für die deterministische Entscheidungssituation erläutert und in Abschnitt 4.3.1.1. auf

1) Vgl. Schritt 8 dieses Verfahrens.

stochastische Elementzeiten [1] erweitert wurde. Ist für die Taktzeit $c'_{\hat{\nu}}$ die gewünschte Zuordnung der Arbeitselemente auf $m'_{\hat{\nu}}$ Stationen realisierbar, folgt Schritt 8. Wird dagegen der Abstimmungsprozeß sowohl beim vorgeschalteten Näherungsverfahren als auch beim exakten Teil des oben entwickelten Branch-and-Bound-Verfahrens aufgrund der genannten Kriterien abgebrochen, ist eine Lösung mit $m'_{\hat{\nu}}$ Stationen nicht realisierbar, und das Verfahren wird mit Schritt 7 fortgesetzt.

7. Schritt: Korrektur der nicht realisierbaren (c', m')-Kombination

Für die nicht realisierbare Kombination $\hat{\nu}$ wird die angestrebte Zahl der Stationen um Eins erhöht und, falls $m'_{\hat{\nu}} \leqq N_{max}$ ist, der Gewinn vor Abzug der Nachbearbeitungskosten, $G'_{\hat{\nu}}$, um $K^P_{m'_{\hat{\nu}}}$ Geldeinheiten reduziert. Gilt dagegen $m'_{\hat{\nu}} > N_{max}$, wird $G'_{\hat{\nu}}$ auf $-\infty$ gesetzt, um eine weitere Wahl dieser nunmehr unzulässigen Kombination zu verhindern. Anschließend folgt Schritt 5.

8. Schritt: Berechnung des effektiven Gewinns für die Kombination $\hat{\nu}$

Für die realisierbare Kombination $\hat{\nu}$ mit der Taktzeit $c'_{\hat{\nu}}$ und $m'_{\hat{\nu}}$ Stationen wird der effektive Gewinn $G^+_{\hat{\nu}}$ berechnet, indem die für diese Kombination anfallenden Nachbearbeitungskosten

$$K_{\hat{\nu}} = \frac{T}{c'_{\hat{\nu}}} \left\{ k_1 \cdot Pr\,(\tilde{\tau}_1 > c'_{\hat{\nu}}) + \sum_{j=2}^{m'_{\hat{\nu}}} \left[k_j \cdot Pr\,(\tilde{\tau}_j > c'_{\hat{\nu}}) \prod_{j^*=1}^{j-1} Pr\,(\tilde{\tau}_{j^*} \leqq c'_{\hat{\nu}}) \right] \right\}$$

---

1) Dabei gilt aufgrund der nunmehr einheitlichen Mindestwahrscheinlichkeit für alle Stationen:

$$\bar{\xi}_j = \bar{\xi} \qquad (j=1,\ldots,N_{max}).$$

mit

$$Pr\,(\tilde{\tau}_j > c'_{\hat{\nu}}) = 1 - \Phi\left(\frac{c'_{\hat{\nu}} - \sum\limits_{i\varepsilon M_j} \mu_i}{\sqrt{\sum\limits_{i\varepsilon M_j} \sigma_i^2}}\right) \qquad (j=1,\ldots,m'_{\hat{\nu}})$$

und

$$Pr\,(\tilde{\tau}_j \leqq c'_{\hat{\nu}}) = \Phi\left(\frac{c'_{\hat{\nu}} - \sum\limits_{i\varepsilon M_j} \mu_i}{\sqrt{\sum\limits_{i\varepsilon M_j} \sigma_i^2}}\right) \qquad (j=1,\ldots,m'_{\hat{\nu}})$$

von dem Gewinn vor Abzug der Nachbearbeitungskosten

$$G'_{\hat{\nu}} = (p - k_m)\,\frac{T}{c'_{\hat{\nu}}} - \sum_{j=1}^{m'_{\hat{\nu}}} K_j^P$$

subtrahiert werden. Anschließend wird $G'_{\hat{\nu}} = -\infty$ gesetzt, um eine wiederholte Wahl der Kombination $\hat{\nu}$ auszuschließen. Überschreitet der für die Kombination $\hat{\nu}$ errechnete effektive Gewinn $G^+_{\hat{\nu}}$ den bisherigen maximalen effektiven Gewinn G^+_{max}, folgt Schritt 9, andernfalls Schritt 5.

9. Schritt: Speicherung der Lösung

Außer der Zuordnung der Arbeitselemente wird für die Kombination $\hat{\nu}$ mit dem bisher höchsten effektiven Gewinn die Taktzeit

$$c^+ = c'_{\hat{\nu}}$$

und die Zahl der erforderlichen Stationen

$$N^+ = m'_{\hat{\nu}}$$

gespeichert. Außerdem wird der maximale effektive Gewinn G^+_{max} auf $G^+_{\hat{\nu}}$ Geldeinheiten erhöht und das Verfahren mit Schritt 5 fortgesetzt, um zu prüfen, ob weitere Kombinationen vorhanden sind, deren Gewinne vor Abzug der Nachbearbeitungskosten den bisher maximalen effektiven Gewinn G^{+}_{max} überschreiten. Denn bei diesen Kombinationen besteht die Hoffnung, daß sie aufgrund geringerer Nachbearbeitungskosten noch zu einem höheren effektiven Gewinn als die bisher gespeicherte Lösung führen.

10. Schritt: Ausdrucken der zuletzt gespeicherten Lösung

Da die Gewinne vor Abzug der Nachbearbeitungskosten für alle (c', m') - Kombinationen unterhalb des maximalen effektiven Gewinns liegen, stellt die zuletzt gespeicherte Lösung die "beste" Lösung des Problems der interdependenten Fließbandabstimmung für die jeweils vorgegebene Mindestwahrscheinlichkeit dar. Ausgedruckt werden die zugehörige Taktzeit c^{+}, die Zahl der Stationen N^{+} und die Zuordnung der Arbeitselemente sowie der maximale effektive Gewinn G^{+}_{max}.

11. Schritt: Erhöhung der Mindestwahrscheinlichkeit

Die bisher verwendete Mindestwahrscheinlichkeit δ wird um δ^{+} erhöht [1]. Für $\delta \geq 1$ folgt Schritt 12, andernfalls Schritt 2.

12. Schritt: Bestimmung der Mindestwahrscheinlichkeit

Für jede der vorgegebenen Mindestwahrscheinlichkeiten ist die Taktzeit c^{+} sowie die Zuordnung der Arbeitselemente auf N^{+} Arbeitsstationen bekannt, bei der der effektive Gewinn sein Maximum erreicht. Von diesen Mindestwahrscheinlichkeiten wird diejenige Sicherheitsanforderung $\hat{\delta}$ oder, wenn die Lösungen für bestimmte Bereiche der Mindestwahrscheinlichkeiten übereinstimmen, derjenige Bereich gewählt, der zum höchsten

1) Je kleinere Werte für δ^{+} gewählt werden, um so höher ist der Rechenaufwand, aber desto genauer arbeitet das Verfahren.

effektiven Gewinn $\hat{G}^+_{max}$ führt. Die sich hierfür ergebende Kombination der Taktzeit $\hat{c}$ und der Zahl der Stationen $\hat{N}$ stellt in Verbindung mit der Zuordnung der Arbeitselemente die "beste" Lösung für das Problem der interdependenten Fließbandabstimmung bei stochastischen Elementzeiten dar.

4.3.2.2. Beispiel

Das durch die vorstehende Schrittfolge beschriebene kombinatorische Verfahren zur interdependenten Fließbandabstimmung bei variablen Mindestwahrscheinlichkeiten soll wiederum an dem bereits mehrfach betrachteten Beispiel erläutert werden. Dabei soll mit Ausnahme der Mindestwahrscheinlichkeit von den für das Beispiel in Abschnitt 4.3.1.2. verwendeten Daten und von den in der Tabelle 4.-7 angegebenen Nachbearbeitungskosten pro Stück [DM] ausgegangen werden:

j	1	2	3	4	5
k_j	0,90	0,80	0,70	0,60	0,50

Tab. 4.-7

Wird die Mindestwahrscheinlichkeit, beginnend mit $\delta = 0{,}50$, um jeweils $\delta^+ = 0{,}01$ erhöht, erhält man den in der Tabelle 4.-8 angegebenen maximalen effektiven Gewinn G^+_{max}, die zugehörige Taktzeit c^+, die Zahl der Stationen N^+ sowie die Zuordnung der Arbeitselemente in Abhängigkeit der Mindestwahrscheinlichkeit. Die Tabelle 4.-8 zeigt, daß die Taktzeit bei der jeweils gleichen Zahl der Stationen und der gleichen Zuordnung der Arbeitselemente mit zunehmender Mindestwahrscheinlichkeit ebenfalls ansteigt. So beträgt beispielsweise für die aus 4 Stationen bestehenden Lösungen die Taktzeit 17 Sekunden für den Bereich $0{,}51 \leq \delta \leq 0{,}64$, 18 Sekunden für das Intervall

*

Mindest-wahrscheinlichkeit	maximaler effektiver Gewinn G^+_{max}	Taktzeit c^+	Zahl der Stationen N^+	Zuordnung der Arbeitselemente
$\delta = 0{,}50$	532,79	14	5	1-3/5/2-6/8-4-7/10-9
$0{,}51 \leq \delta \leq 0{,}64$	614,37	17	4	1-2/3-5/6-8-9/4-7-10
$0{,}65 \leq \delta \leq 0{,}66$	643,94	23	3	1-2-4/3-5-6-7/8-10-9
$0{,}67 \leq \delta \leq 0{,}83$	686,12	18	4	1-2/3-5/6-8-9/4-7-10
$0{,}84 \leq \delta \leq 0{,}92$	662,45	19	4	1-2/3-5/6-8-9/4-7-10
$\delta = 0{,}93$	648,67	24	3	1-2-4/3-5-6-7/8-10-9
$0{,}94 \leq \delta \leq 0{,}96$	596,35	25	3	1-2-4/3-5-6-7/8-10-9
$\delta = 0{,}97$	546,96	20	4	1-2/3-5/6-8-9/4-7-10
$\delta = 0{,}98$	507,71	26	3	1-2-4/3-5-6-7/8-10-9
$\delta = 0{,}99$	403,83	27	3	1-2-4/3-5-6-7/8-10-9

Tab. 4.-8

$0,67 \leq \delta \leq 0,83$, 19 Sekunden für den Bereich $0,84 \leq \delta \leq 0,92$ und schließlich 20 Sekunden für $\delta = 0,97$.

Darüber hinaus ist aus der Tabelle 4.-8 ersichtlich, daß die Funktion des maximalen effektiven Gewinns in Abhängigkeit der Mindestwahrscheinlichkeit ihr Maximum mit $\hat{G}^{+}_{max} = 686,12$ DM im Intervall $0,67 \leq \hat{\delta} \leq 0,83$ erreicht [1]. Bleiben dagegen wie bei dem kombinatorischen Verfahren bei vorgegebenen Mindestwahrscheinlichkeiten die Nachbearbeitungskosten unberücksichtigt, und werden diese erst dann vom maximalen Gewinn vor Abzug der Nachbearbeitungskosten subtrahiert, wenn die "beste" Lösung für die jeweils vorgegebene Mindestwahrscheinlichkeit bereits bekannt ist, erreicht bei diesem sukzessiven Vorgehen der effektive Gewinn sein Maximum mit lediglich DM 662,45 im Intervall $0,87 \leq \delta \leq 0,92$. Diese Abweichung ist darauf zurückzuführen, daß das Verfahren bei vorgegebenen Mindestwahrscheinlichkeiten beendet ist, sobald sich die Arbeitselemente für die Taktzeit c'_{ν} auf m'_{ν} Stationen verteilen lassen und damit die untersuchte (c', m') - Kombination realisiert werden kann. Dagegen werden in das Verfahren bei variablen Mindestwahrscheinlichkeiten auch diejenigen (c', m') - Kombinationen einbezogen, die zwar einen geringeren Gewinn vor Abzug der Nachbearbeitungskosten als die bisher beste realisierbare (c', m')-Kombination aufweisen, jedoch aufgrund ebenfalls geringerer Nachbearbeitungskosten einen höheren effektiven Gewinn als die zuletzt gespeicherte Lösung erwarten lassen.

Die zwischen den Verfahren bei vorgegebenen und variablen Mindestwahrscheinlichkeiten bestehenden Unterschiede sollen für die "beste" Mindestwahrscheinlichkeit $\hat{\delta} = 0,67$ erläutert werden [2]. Innerhalb des zulässigen Taktzeitintervalls $[14, 28]$

---

1) Die Lösung für diesen Bereich ist in der Tabelle 4.-8 durch einen Stern gekennzeichnet.

2) Zwar stimmen die Optimallösungen sämtlicher Mindestwahrscheinlichkeiten aus dem Intervall $0,67 \leq \hat{\delta} \leq 0,83$ überein, jedoch ist der Weg dorthin, d.h. sind die Zwischenlösungen für $0,67 \leq \hat{\delta} \leq 0,68$, $\hat{\delta} = 0,69$, $0,70 \leq \hat{\delta} \leq 0,77$, $0,78 \leq \hat{\delta} \leq 0,82$ und $\hat{\delta} = 0,83$ unterschiedlich.

ergeben sich die folgenden (c', m') - Kombinationen mit den zugehörigen Gewinnen vor Abzug der Nachbearbeitungskosten (vgl. Tabelle 4.-9):

ν	c'_ν	m'_ν	G'_ν
1	14	5	1500,-
2	15	5	1100,-
3	16	4	1650,-
4	17	4	1341,17
5	18	4	1066,67
6	19	4	821,04
7	20	4	600,-
8	21	3	1300,-
9	22	3	1118,18
10	23	3	952,17
11	24	3	800,-
12	25	3	660,-
13	26	3	530,76
14	27	3	411,09
15	28	3	300,-

Tab. 4.-9

Da die Kombination $\hat{\nu}$ = 3 zum maximalen Gewinn vor Abzug der Nachbearbeitungskosten führt, ist für diese Kombination mit Hilfe des oben entwickelten Branch-and-Bound-Verfahrens zur klassischen Fließbandabstimmung zu prüfen, ob für die Taktzeit c'_3 = 16 eine Zuordnung der Arbeitselemente auf m'_3 = 4 Stationen möglich ist. Für diese Taktzeit sind jedoch bei der vorgegebenen Mindestwahrscheinlichkeit mindestens 5 Stationen erforderlich, so daß m'_3 auf 5 erhöht und der Gewinn G'_3 um DM 900,- auf DM 750,- verringert wird. Daraufhin ist für die Taktzeit c'_1 = 14, die nunmehr zusammen mit m'_1 = 5 Stationen zum maximalen Gewinn vor Abzug der Nachbearbeitungskosten in Höhe von G'_1 = 1500,- DM führt, erneut ein klassisches Fließbandabstimmungsproblem zu lösen. Für diese Taktzeit liefert bereits das

Näherungsverfahren die gewünschte Zuordnung der Arbeitselemente (vgl. Tabelle 4.-10):

Station	Arbeitselemente
1	1 3
2	5
3	2 6
4	8 4
5	9 7 10

Tab. 4.-10

Während diese Lösung, deren Nachbearbeitungskosten DM 903,92 betragen und deren effektiver Gewinn sich somit auf DM 596,08 beläuft, für das Verfahren bei vorgegebenen Mindestwahrscheinlichkeiten bereits die "beste" Lösung für die Mindestwahrscheinlichkeit $\hat{\delta}$ = 0,67 darstellt, wird der Suchprozeß für das kombinatorische Verfahren bei variablen Mindestwahrscheinlichkeiten mit dem Wertepaar (17, 4) fortgesetzt. Für die Taktzeit c_4' = 17 erhält man mit dem exakten Teil des oben entwickelten Branch-and-Bound-Verfahrens die in der Tabelle 4.-11 angegebene Zuordnung der Arbeitselemente auf m_4' = 4 Stationen:

Station	Arbeitselemente
1	1 2
2	3 5
3	6 8 9
4	4 7 10

Tab. 4.-11

Hierfür belaufen sich die gesamten Nachbearbeitungskosten auf DM 726,91, so daß der effektive Gewinn DM 614,26 beträgt (G_4' = 1341,17). Da diese Lösung die bisher beste für die vorgegebene Wahrscheinlichkeit darstellt, wird sie gespeichert und G^+_{max} von DM 596,08 auf DM 614,26 erhöht. Von den nächsten drei überprüften Kombinationen ist das Wertepaar (21, 3) mit dem Gewinn G'_8 = 1300,- DM nicht realisierbar, während die effektiven Gewinne für die Wertepaare (22, 3) und (15, 5) mit den Gewinnen G'_9 = 1118,18 DM und G'_2 = 1100,- DM unterhalb des bisher höchsten effektiven Gewinns in Höhe von G^+_{max} = 614,26 DM liegen. Von den weiteren (c', m') - Kombinationen weist das Wertepaar (18, 4) mit G'_5 = 1066,67 DM den höchsten Gewinn vor Abzug der Nachbearbeitungskosten auf. Die sich für diese Kombination ergebende Zuordnung der Arbeitselemente ist zusammen mit den Wahrscheinlichkeiten der Taktzeitüberschreitung und den Wahrscheinlichkeiten der Nachbearbeitung in der Tabelle 4.-12 angegeben:

Station	Arbeits-elemente	Wahrscheinlichkeit der Taktzeitüberschreitung	Wahrscheinlichkeit der Nachbearbeitung
1	1 2	0,0763	0,0763
2	3 5	0,0419	0,0387
3	6 8 9	0,1660	0,1469
4	4 7 10	0,0952	0,0703

Tab. 4.-12

Wie aus der Tabelle 4.-12 hervorgeht, liegen die Wahrscheinlichkeiten der Taktzeitüberschreitung - wie durch die Wahrscheinlichkeitsrestriktionen gefordert - unterhalb der zugelassenen Obergrenze von $(1 - \hat{\delta})$ = 0,33. Bei gleicher Zuordnung wie für das Wertepaar (17, 4) [1] fällt zwar aufgrund der um eine Sekunde höheren Taktzeit der Gewinn vor Abzug der Nachbearbeitungskosten auf G'_5 = 1066,67 DM, jedoch fallen an Nachbearbeitungskosten lediglich DM 380,55 an, wodurch sich der effektive Gewinn für das Wertepaar (18, 4) auf DM 686,12 beläuft. Diese Kombination stellt in Verbindung mit der in Tabelle 4.-12 angegebenen Zuordnung der Arbeitselemente für

1) Vgl. Tabelle 4.-11.

die Mindestwahrscheinlichkeit $\hat{\delta}$ = 0,67 die "beste" Lösung des Problems der interdependenten Fließbandabstimmung dar, da die effektiven Gewinne für die Wertepaare (23, 3), (19, 4), (24, 3) und (16, 5) den bisher höchsten effektiven Gewinn G^{+}_{max} = 686,12 DM unterschreiten. Auf die Untersuchung der restlichen Kombinationen kann verzichtet werden, da ihre Gewinne vor Abzug der Nachbearbeitungskosten den maximalen effektiven Gewinn unterschreiten.

5. Ergebnis

In der vorliegenden Untersuchung wurden Planungsansätze zur interdependenten Fließbandabstimmung entwickelt, die eine simultane Bestimmung der Taktzeit und der Zuordnung der Arbeitselemente auf die Arbeitsstationen entsprechend dem erwerbswirtschaftlichen Prinzip ermöglichen. Insbesondere wurde dabei - über die mathematische Problemformulierung hinaus - großer Wert auf die Lösbarkeit der Planungsansätze gelegt. Daher wurde nach der Diskussion eines die zugrunde liegende Problemstruktur verdeutlichenden Lösungsansatzes der ganzzahligen nichtlinearen Programmierung ein kombinatorisches Verfahren entwickelt, das als wesentliches Teilprogramm ein Lösungsverfahren zur klassischen Fließbandabstimmung enthält. Dieses Verfahren zur interdependenten Fließbandabstimmung besitzt den Vorteil, daß zur Lösung der klassischen Fließbandabstimmungsprobleme auf eine Reihe leistungsfähiger, auf den bekannten Methoden der Unternehmensforschung basierenden Verfahren zurückgegriffen werden kann. Von diesen Lösungsverfahren, die auch für umfangreiche Fließbandabstimmungsprobleme optimale oder zumindest dem Optimum sehr nahe gelegene Lösungen liefern, sollte - je nach Problemgröße - das vom Verfasser entwickelte Branch-and-Bound-Verfahren oder das modifizierte Verfahren von HOFFMANN eingesetzt werden. Diese Auswahl ist aufgrund der numerischen Erfahrungen gerechtfertigt, die mit verschiedenen Versionen des kombinatorischen Verfahrens für eine große Zahl zufällig erzeugter Fließbandabstimmungsprobleme gewonnen wurden. Von den auf diese Weise getesteten Versionen des kombinatorischen Verfahrens wurde darüber hinaus die exakte Version mit dem oben entwickelten Branch-and-Bound-Verfahren auf stochastische Elementzeiten erweitert, um die interdependente Fließbandabstimmung realitätsnäher zu gestalten.

In der vorliegenden Untersuchung wird das Problem der interdependenten Fließbandabstimmung nur für ein Einproduktunternehmen betrachtet. Insbesondere bleibt daher noch zu untersuchen, wie die deterministischen, besonders aber die stochastischen Planungsansätze auszugestalten sind, wenn mehrere Erzeugnisarten berücksichtigt werden sollen und eine simultane Planung von Produktionsprogramm und Produktionsprozeß erfolgen soll. Dabei sind mit dem Mehrproduktfall keine zusätzlichen Schwierigkeiten verbunden, wenn die Erzeugnisarten auf getrennten Fließbändern, d.h. in Parallelproduktion hergestellt werden, so daß die Planung der Taktzeit, der Zahl der Stationen und der Zuordnung der Arbeitselemente für jede Erzeugnisart getrennt erfolgen kann. Dagegen ist die Planungssituation, wenn mehrere Erzeugnisarten auf einem Fließband hergestellt werden und dabei entweder in Losen aufgelegt werden oder gleichzeitig über das Fließband laufen, wesentlich komplexer als bei der Parallelproduktion, da nunmehr außer den Taktzeiten und den Zuordnungen der Arbeitselemente auf die Arbeitsstationen auch die Reihenfolge der Erzeugnisarten - und bei losweiser Fertigung auch deren Losgrößen - zu bestimmen sind..

Literaturverzeichnis

Abkürzungen:

AE	Assembly Engineering
APF	Ablauf- und Planungsforschung
AT	AIIE Transactions (American Institute of Industrial Engineers)
IE	Industrial Engineering
IJPR	The International Journal of Production Research
IO	Industrielle Organisation
JACM	Journal of the Association for Computing Machinery
JIE	The Journal of Industrial Engineering
MS	Management Science
OR	Operations Research
PE	The Production Engineer
Ufo	Unternehmensforschung
ZfB	Zeitschrift für Betriebswirtschaft
ZfOR	Zeitschrift für Operations Research

Bei Zeitschriften gibt die unterstrichene Zahl vor der Seitenangabe die Band-, die Volumennummer oder den Jahrgang an.

ADAM, D., -1972-: Produktionsdurchführungsplanung, in: JACOB -1972-, S. 329 ff.

AGIN, N., -1967-: Optimum Seeking with Branch and Bound, in: MS 13, S. B 176 ff.

AGTHE, K. - BLOHM, H. - SCHNAUFER, E. (Hrsg.), -1967-: Industrielle Produktion, Baden-Baden - Bad Homburg v.d.H.

ANDERSON, D.R. - MOODIE, C.L., -1969-: Optimal Buffer Storage Capacity in Production Line Systems, in: IJPR 7, S. 233 ff.

ARCUS, A.L., -1963-: An Analysis of a Computer Method of Sequencing Assembly Line Operations, Diss. Berkeley

ARCUS, A.L., -1966-: COMSOAL: A Computer Method of Sequencing Operations for Assembly Lines, in: IJPR 4, S. 259 ff.

ASHOUR, S., -1972-: Sequencing Theory, Berlin - Heidelberg - New York

ASHOUR, S. - CHAR, A.R., -1970-: Computational Experience on Zero-One Programming Approach to Various Combinatorial Problems, in: Journal of the Operations Research Society of Japan 13, S. 78 ff.

BARTEN, K., -1962-: A Queueing Simulator for Determining Optimum Inventory Levels in a Sequential Process, in: JIE 13, S. 245 ff.

BECKMANN, M. (Hrsg.), -1971-: Unternehmensforschung heute, Berlin - Heidelberg - New York

BEEK, H.G. van, -1964-: The Influence of Assembly Line Organization on Output, Quality and Morale, in: Occupational Psychology 38, S. 161 ff.

BELLMAN, R., -1957-: Dynamic Programming, Princeton

BERGER, K.-H., -1967-: Organisationstypen der Produktion, in: AGTHE - BLOHM - SCHNAUFER -1967-, S. 177 ff.

BOWMAN, E.H., -1959-: The Schedule-Sequencing Problem, in: OR 7, S. 621 ff.

BOWMAN, E.H., -1960-: Assembly-Line Balancing by Linear Programming, in: OR 8, S. 385 ff.

BRENNECKE, D., -1968-: Two Parameter Assembly Line Balancing Model, in: HOTTENSTEIN -1968-, S. 215 ff.

BRUSBERG, H., -1965-: Der Entwicklungsstand der Unternehmensforschung mit besonderer Berücksichtigung der Bundesrepublik Deutschland, Wiesbaden

BRYTON, B., -1954-: Balancing of a Continuous Production Line, Diss. Evanston

BUFFA, E.S., -1961-: Pacing Effects in Production Lines, in: JIE 12, S. 383 ff.

BUFFA, E.S., -1968-: Production-Inventory Systems, Planning and Control, Homewood

BÜHLER, W. - DICK, R., -1973-: Stochastische Lineare Optimierung. Chance-Constrained-Modell und Kompensationsmodell, in: ZfB 43, S. 101 ff.

BURGESON, J.W. - DAUM, T.E., -1958-: Production Line Balancing, File No. 10.3.002, IBM-Corp. Akron, Ohio

BURKARD, R.E., -1972-: Methoden der Ganzzahligen Optimierung, Wien - New York

BUSSMANN, K.F., -1969-: Eine vergleichende Untersuchung über verschiedene Verfahren zur Lösung der Fließbandabstimmungsprobleme, Forschungsbericht des Instituts für Allgemeine und Industrielle Betriebswirtschaftslehre der TH München

BUSSMANN, K.F. - BEISSEL, H.-S. - BRACHVOGEL, U. - HÄNISCH, J.-KOXHOLT, R. - KRAUS, P. - MERTENS, P., -1968-: Ein Vergleich von Fließbandabstimmungsverfahren, in: BUSSMANN - MERTENS -1968-, S. 313 ff.

BUSSMANN, K.F. - HOSS, K. - WEDEKIND, H., -1963-: Die Anwendung von operationsanalytischen Verfahren bei der Fertigungsvorbereitung industrieller Betriebe unter besonderer Berücksichtigung der Werkstatt- und Fließfertigung, Forschungsbericht Bu 54/2-3, München

BUSSMANN, K.F. - MERTENS, P. (Hrsg.), -1968-: Operations Research und Datenverarbeitung bei der Produktionsplanung, Stuttgart

BUXEY, G.M., -1974-: Assembly Line Balancing with Multiple Stations, in: MS 20, S. 1010 ff.

BUXEY, G.M. - SLACK, N.D. - WILD, R., -1973-: Production Flow Line System Design - A Review, in: AT 5, S. 37 ff.

BUZACOTT, J.A., -1967-: Automatic Transfer Lines with Buffer Stocks, in: IJPR 6, S. 183 ff.

CARNAP, G., -1955-: Die Fließfertigung als arbeitsorganisatorisches Fertigungsverfahren in mechanisch-technologischen Industrien, Diss. Darmstadt

CARUSO, F.R., -1965-: Assembly Line Balancing for Improved Profits, in: Automation 12, S. 48 ff.

CAULEY, J.M., -1968-: A Review of Assembly Line Balancing Algorithms, in: Proceedings of the 19th Annual Conference of AIIE, New York, S. 223 ff.

CHARNES, A. - COOPER, W.W., -1959-: Chance-Constrained Programming, in: MS 6, S. 73 ff.

CNOSSEN, J.L. - GOODWYNE, J.O., -1966-: Mixed-Model Assembly Lines, in: FORD MOTOR COMPANY -1966-, Chapter 8

COLLEY, J.L., -1969-: A Daily System for Balancing and Sequencing a Mixed-Model Assembly Line, in: Proceedings of the Fifth International Conference on Operational Research, Venedig, S. 509 ff.

CONWAY, R.W. - MAXWELL, W.L. - MILLER, L.W., -1967-: Theory of Scheduling, Reading, Mass. et al.

CROW, S.M. - EDER, W.E., -1966-: Some Computer Applications in Production Engineering, in: PE 45, S. 485 ff.

DAR-EL, E.M. - COTHER, R.F., -1975-: Assembly Line Sequencing for Model Mix, in: IJPR 13, S. 463 ff.

DAVIS, E.W. - HEIDORN, G.E., -1971-: An Algorithm for Optimal Project Scheduling under Multiple Resource Constraints, in: MS 17, S. B 803 ff.

DEUTSCH, D.F., -1971-: A Branch and Bound Technique for Mixed-Product Assembly Line Balancing, Diss. Arizona State University

DICK, R., -1966-: Zur Prozeßplanung der Fließfertigung, Diss. Köln

DINKELBACH, W., -1969/1-: Entscheidungsmodelle, in: Handwörterbuch der Organisation, Stuttgart, Sp. 485 ff.

DINKELBACH, W., -1969/2-: Sensitivitätsanalysen und parametrische Programmierung, Berlin - Heidelberg - New York

DOMKE, E., -1966-: Betriebswirtschaftliche Probleme bei der Integration automatischer Aggregate zu Fertigungsketten, Diss. Hamburg

DUDLEY, N.A., -1962-: The Effect of Pacing on Worker Performance, in: IJPR 1, S. 60 ff.

DUDLEY, N.A., -1968-: Work Measurement: Some Research Studies, London

ELMAGHRABY, S.E., -1966-: The Design of Production Systems, New York et al.

FABER, M.M., -1970-: Stochastisches Programmieren, Würzburg - Wien

FAENSEN, H. - HOFMANN, G., -1962-: Arbeitsstudium bei Fließarbeit, München

FÄßLER, K. - REICHWALD, R., -1972-: Fertigungswirtschaft, in: HEINEN -1972-, S. 249 ff.

FISZ, M., -1970-: Wahrscheinlichkeitsrechnung und mathematische Statistik, Berlin

FORD MOTOR COMPANY, -1964-: Balancing Assembly Lines Using Possible Operator Assignments, Report Nr. 15, Operations Research Department, Finance Staff, Ford Motor Company, Dearborn

FORD MOTOR COMPANY, -1966-: Computer-Assisted Method of Assembly-Line Balancing, Manufacturing Staff, Administration Department, Ford Motor Company, Dearborn

FRANZIUS, H. - RITTMANN, K., -1972-: Stand von Mechanisierung und Automatisierung in der Montage amerikanischer Industriebetriebe, Berlin - Köln - Frankfurt

FREEMAN, D.R., -1967-: Balancing Stochastic Lines, Diss. Stanford

FREEMAN, D.R., -1968-: A General Line Balancing Model, in: Proceedings of the 19th Annual Conference of AIIE, New York, S. 230 ff.

FREEMAN, D.R. - JUCKER, J.V., -1967-: The Line Balancing Problem, in: JIE 18, S. 361 ff.

FREEMAN, M.C., -1964-: The Effect of Breakdowns and Interstage Storage on Production Line Capacity, in: JIE 15, S. 194 ff.

GARFINKEL, R.S. - NEMHAUSER, G.L., -1972-: Integer Programming, New York

GARFINKEL, R.S. - NEMHAUSER, G.L., -1973-: A Survey of Integer Programming Emphasizing Computation and Relations among Models, in: HU - ROBINSON -1973-, S. 77 ff.

GEHRLEIN, W.V. - PATTERSON, J.H., -1975-: Sequencing for Assembly Lines with Integer Task Times, in: MS 21, S. 1064 ff.

GEOFFRION, A.M., -1967-: Integer Programming by Implicit Enumeration and Balas' Method, in: SIAM Review 9, S. 178 ff.

GEOFFRION, A.M. - MARSTEN, R.E., -1972-: Integer Programming Algorithms: A Framework and State-of-the-Art Survey, in: MS 18, S. 465 ff.

GLOVER, P.C. - NORMAN, J.T., -1965-: Assembly Line Balancing, in: AE 8, S. 28 ff.

GOODWYNE, J., -1966-: The Precedence Diagram, in: FORD MOTOR COMPANY -1966-, Chapter 5 & 6

GREGORY, G., -1973-: Assembly Line Balancing, Paper Presented at the First International Research Conference on Operational Research 1973, Sussex

GÜHRS, E., -1972-: Planungsmodelle für sozialethische Zielsetzungen - Eine spezielle Untersuchung zum Problem mehrfacher Zielsetzungen, Diss. Hamburg

GÜNTHER, H., -1971-: Das Dilemma der Arbeitsablaufplanung, Zielverträglichkeiten bei der zeitlichen Strukturierung, Berlin

GUTENBERG, E., -1951-: Grundlagen der Betriebswirtschaftslehre, Erster Band, Die Produktion, 1. Aufl., Berlin - Heidelberg - New York

GUTENBERG, E., -1966-: Grundlagen der Betriebswirtschaftslehre, Zweiter Band, Der Absatz, 9. Aufl., Berlin - Heidelberg - New York

GUTENBERG, E., -1969-: Grundlagen der Betriebswirtschaftslehre, Erster Band, Die Produktion, 15. Aufl., Berlin - Heidelberg - New York

GUTJAHR, A.L. - NEMHAUSER, G.L., -1964-: An Algorithm for the Line Balancing Problem, in: MS 11, S. 308 ff.

HADLEY, G., -1964-: Nonlinear and Dynamic Programming, Reading - Palo Alto - London

HAEGERT, L., -1970-: Die Aussagefähigkeit der Dualvariablen und die wirtschaftliche Deutung der Optimalitätsbedingungen beim Chance-Constrained Programming, in: HAX -1970-, S. 101 ff.

HAHN, R., -1972-: Produktionsplanung bei Linienfertigung, Berlin - New York

HAHN, R. - LUTZ, L. - ROSCHMANN, K., -1968-: Die Bandabgleichung - ein Problem bei Fließfertigung, in: IO 37, S. 85 ff.

HALLER-WEDEL, E., -1969-: Das Multimomentverfahren in Theorie und Praxis, 2. Aufl., München

HAMMER, E., -1973-: Industriebetriebslehre, München

HAMMER, P.L. - RUDEANU, S., -1969-: Pseudo-Boolean Programming, in: OR 17, S. 233 ff.

HARDECK, W., -1974-: Rechnerunterstützte Austaktung von Fließbandlinien, in: ZfOR 18, S. B 237 ff.

HARDECK, W. - SCHÖNFELDER, G., -1973-: Rechnerunterstützte Austaktung von Fließlinien - eine praktische Anwendung des Helgeson und Birnie-Verfahrens, Arbeitspapier Nr. 10 des Betriebswirtschaftlichen Instituts der Friedrich-Alexander Universität Erlangen-Nürnberg

HAX, H. (Hrsg.), -1970-: Entscheidung bei unsicheren Erwartungen, Köln - Opladen

HEINEN, E. (Hrsg.), -1972-: Industriebetriebslehre, Entscheidungen im Industriebetrieb, Wiesbaden

HEINRICH, L.J. - ZINNECKER, K.-H., -1967-: Systeme vorbestimmter Zeiten - Darstellung und Vergleich mit REFA-Verfahren, in: AGTHE - BLOHM - SCHNAUFER -1967-, S. 253 ff.

HELD, M. - KARP, R.M., -1962-: A Dynamic Programming Approach to Sequencing Problems, in: Journal of the Society for Industrial and Applied Mathematics 10, S. 196 ff.

HELD, M. - KARP, R.M., -1965-: The Construction of Discrete Dynamic Programming Algorithms, in: IBM Systems Journal 4, S. 136 ff.

HELD, M. - KARP, R.M. - SHARESHIAN, R., -1963-: Assembly-Line Balancing - Dynamic Programming with Precedence Constraints, in: OR 11, S. 442 ff.

HELGESON, W.B. - BIRNIE, D.P., -1961-: Assembly Line Balancing Using the Ranked Positional Weight Technique, in: JIE 12, S. 394 ff.

HELGESON, W.B. - KWO, T.T., -1957-: Letters to the Editor, in: MS 3, S. 115

HENKE, M. - JAEGER, A. - WARTMANN, R. - ZIMMERMANN, H.-J. (Hrsg.), -1972-: Proceedings in Operations Research, Vorträge der Jahrestagung 1971 DGU, Würzburg - Wien

HERBIG, H.-H., -1968-: Optimale Fließstraßenabstimmung nach einem kombinatorischen Verfahren auf einer Rechenanlage, in: INSTITUT FÜR DATENVERARBEITUNG DRESDEN -1968-, S. 207 ff.

HERRIGER, H., -1968-: Die Pufferung von Ausfällen bei automatisierter Fließfertigung, in: IO 37, S. 35 ff.

HERROELEN, W.S., -1972-: Heuristic Programming in Operations Management, in: Die Unternehmung 26, S. 213 ff.

HESKIAOFF, H., -1968-: An Heuristic Method for Balancing Assembly Lines, in: The Western Electric Engineer 12, S. 9 ff.

HEUERTZ, M.E., -1962-: Computer Speeds Balancing of Assembly Line Workload, in: Machine and Tool Blue Book 57, S. 3 ff.

HILLIER, F.S., -1967-: Chance-Constrained Programming with 0-1 or Bounded Continuous Decision Variables, in: MS 14, S. 34 ff.

HILLIER, F.S. - BOLING, R.W., -1966-: The Effect of Some Design Factors on the Efficiency of Production Lines with Variable Operation Times, in: JIE 17, S. 651 ff.

HOEL, P.G., -1966-: Introduction to Mathematical Statistics, 3. Aufl., New York - London

HOFFMANN, T.R., -1959-: Generation of Permutations and Combinations, Engineering Experiment Station Report No. 13, University of Wisconsin, Madison

HOFFMANN, T.R., -1963-: Assembly Line Balancing with a Precedence Matrix, in: MS 9, S. 551 ff.

HOSS, K., -1965-: Fertigungsablaufplanung mittels operationsanalytischer Methoden unter besonderer Berücksichtigung des Ablaufplanungsdilemmas in der Werkstattfertigung, Würzburg - Wien

HOTTENSTEIN, M.P. (Hrsg.), -1968-: Models and Analysis for Production Management, Scranton

HU, T.C. - ROBINSON, S.M. (Hrsg.), -1973-: Mathematical Programming, New York - London

IGNALL, E.J., -1965-: A Review of Assembly Line Balancing, in: JIE 16, S. 244 ff.

INSTITUT FÜR DATENVERARBEITUNG DRESDEN (Hrsg.), -1968-: Mathematische Modelle und Verfahren der Unternehmensforschung für die Lösung ökonomischer Probleme, Köln - Opladen

JACKSON, J.R., -1956-: A Computing Procedure for a Line Balancing Problem, in: MS 2, S. 261 ff.

JACOB, H. (Hrsg.), -1972-: Industriebetriebslehre in programmierter Form, Band II, Planung und Planungsrechnungen, Wiesbaden

JAESCHKE, G., -1964-: "Branching and Bounding" - Eine allgemeine Methode zur Lösung kombinatorischer Probleme, in: APF 5, S. 133 ff.

JOHNSON, L.A. - MONTGOMERY, D.C., -1974-: Operations Research in Production Planning, Scheduling, and Inventory Control, New York et al.

KATTWINKEL, W., -1963-: Ein Beitrag zur optimalen Fließbandbelegung (On Assembly Line Balancing), IBM Deutschland, Sindelfingen

KERN, W., -1967-: Optimierungsverfahren in der Ablauforganisation, Essen

KERN, W., -1970-: Industriebetriebslehre, Stuttgart

KILBRIDGE, M.D. - WESTER, L., -1961/1-: A Heuristic Method of Assembly Line Balancing, in: JIE 12, S. 292 ff.

KILBRIDGE, M.D. - WESTER, L., -1961/2-: The Assembly Line Problem, in: Proceedings of the Second International Conference on Operational Research, Aix-en-Provence 1960, London

KILBRIDGE, M.D. - WESTER, L., -1962/1-: A Review of Analytical Systems of Line Balancing, in: OR 10, S. 626 ff.

KILBRIDGE, M.D. - WESTER, L., -1962/2-: The Balance Delay Problem, in: MS 8, S. 69 ff.

KISTNER, K.-P., -1973-: Betriebsstörungen bei Fließbändern, in: ZfOR 17, S. B 47 ff.

KLEIN, H.K., -1971-: Heuristische Entscheidungsmodelle, Wiesbaden

KLEIN, M., -1963-: On Assembly Line Balancing, in: OR 11, S. 274 ff.

KNÖDEL, W., -1969-: Graphentheoretische Methoden und ihre Anwendungen, Berlin - Heidelberg - New York

KOHLER, W.H. - STEIGLITZ, K., -1974-: Characterization and Theoretical Comparison of Branch-and-Bound Algorithms for Permutation Problems, in: JACM 21, S. 140 ff.

KORTE, B., -1971-: Ganzzahlige Programmierung - ein Überblick, in: BECKMANN -1971-, S. 61 ff.

KORTE, B. - KRELLE, W. - OBERHOFER, W., -1969-: Ein lexikographischer Suchalgorithmus zur Lösung allgemeiner ganzzahliger Programmierungsaufgaben, in: Ufo 13, S. 73 ff.

KOSTEN, L., -1972-: Heuristische Methoden zur Arbeitsangleichung bei Fließbändern, in: HENKE et al. -1972-, S. 701 ff.

KRYCHA, K.-T., -1969-: Analytische und heuristische Verfahren zur Planung des Produktionsablaufes, Diss. Göttingen

LAND, A.H. - DOIG, A.G., -1960-: An Automatic Method of Solving Discrete Programming Problems, in: Econometrica 28, S. 497 ff.

LAUKE, H.L., -1928-: Die Leistungsabstimmung bei Fließarbeit, München - Berlin

LAWLER, E.L. - BELL, M.D., -1966-: A Method for Solving Discrete Optimization Problems, in: OR 14, S. 1098 ff.

LAWLER, E.L. - WOOD, D.E., -1966-: Branch-and-Bound Methods: A Survey, in: OR 14, S. 699 ff.

LINDGREN, B.W., -1968-: Statistical Theory, 2. Aufl., London

LÜDER, K., -1969-: Zur Anwendung neuerer Algorithmen der ganzzahligen linearen Programmierung, in: ZfB 39, S. 405 ff.

LÜDER, K. - STREITFERDT, L., -1972-: Die Bestimmung optimaler Portefeuilles unter Ganzzahligkeitsbedingungen, in: ZfOR 16, S. B 89 ff.

MACASKILL, J.L.C., -1969-: The Application of Computers to the Balancing and Sequencing of Assembly Lines, Diss. Adelaide

MACASKILL, J.L.C., -1972-: Production-Line Balances for Mixed-Model Lines, in: MS 19, S. 423 ff.

MÄCKBACH, F. - KIENZLE, O. (Hrsg.), -1926-: Fließarbeit, Berlin

MANNE, A.S., -1960-: On the Job-Shop Scheduling Problem, in: OR 8, S. 219 ff.

MANSOOR, E.M., -1964/1-: Assembly Line Balancing - An Improvement on the Ranked Positional Weight Technique, in: JIE 15, S. 73 ff.

MANSOOR, E.M., -1964/2-: Assembly Line Balancing - Extension and Discussions, in: JIE 15, S. 322 f.

MANSOOR, E.M., -1967-: Improvement on Gutjahr and Nemhauser's Algorithm for the Line Balancing Problem, in: MS 14, S. 250 ff.

MANSOOR, E.M., -1973-: MALB - A Heuristic Technique for Balancing Large Single-Model Assembly Lines, in: AT 5, S. 343 ff.

MANSOOR, E.M. - BEN-TUVIA, S., -1966-: Optimizing Balanced Assembly Lines, in: JIE 17, S. 126 ff.

MARIMONT, R.B., -1959-: A New Method of Checking the Consistency of Precedence Matrices, in: JACM 6, S. 164 ff.

MARIOTTI, J., -1970-: Four Approaches to Manual Assembly Line Balancing, in: IE 2, S. 35 ff.

MASTOR, A.A., -1966-: An Experimental Investigation and Comparative Evaluation of Production Line Balancing Techniques, Diss. Los Angeles

MASTOR, A.A., -1970-: An Experimental Investigation and Comparative Evaluation of Production Line Balancing Techniques, in: MS 16, S. 728 ff.

MENSCH, G., -1968-: Ablaufplanung, Köln - Opladen

MERTENS, P., -1967-: Fließbandabstimmung mit dem Verfahren der begrenzten Enumeration nach Müller-Merbach, in: APF 8, S. 429 ff.

MITCHELL, J.A., -1957-: A Computational Procedure for Balancing Zoned Assembly Lines, Research Report 6-94801-1-R3, Westinghouse Research Laboratories, Pittsburgh

MITTEN, L.G., -1970-: Branch-and-Bound Methods: General Formulation and Properties, in: OR 18, S. 24 ff.

MOODIE, C.L., -1964-: A Heuristic Method of Assembly Line Balancing for Assumptions of Constant or Variable Work Element Times, Diss. Purdue University, Lafayette

MOODIE, C.L. - MANDEVILLE, D.E., -1966-: Project Resource Balancing by Assembly Line Balancing Techniques, in: JIE 17, S. 377 ff.

MOODIE, C.L. - YOUNG, H.H., -1965-: A Heuristic Method of Assembly Line Balancing for Assumptions of Constant or Variable Work Element Times, in: JIE 16, S. 23 ff.

MOWER, C.H., -1970-: Assembly Line Balancing with Parallel Work Stations, Report Management Engineering Section, Imperial College of Science and Technology, University of London

MUKHERJEE, S.K. - BASU, S.K., -1963-: An Application of Heuristic Method of Assembly Line Balancing in an Indian Industry, in: Proceedings of the Institution of Mechanical Engineers 178, S. 277 ff.

MÜLLER-MERBACH, H., -1970-: Optimale Reihenfolgen, Berlin - Heidelberg - New York

MÜLLER-MERBACH, H., -1973-: Operations Research - Methoden und Modelle der Optimalplanung, 3. Aufl., München

MUTHER, R., -1944-: Production-Line Technique, New York - London

NEMHAUSER, G.L., -1969-: Einführung in die Praxis der dynamischen Programmierung, München - Wien

NEUMANN, K., -1969-: Dynamische Optimierung, Theorie und Anwendungen, Mannheim - Wien - Zürich

NEVINS, A.J., -1972-: Assembly Line Balancing Using Best Bud Search, in: MS 18, S. 529 ff.

NOWAK, G., -1959-: Fließarbeit und ihre Organisation, Diss. Berlin

PIERCE, R.D., -1968-: Advanced Assembly Methods Program, in: AE 4, S. 18 ff.

PINTO, P. - DANNENBRING, D.G. - KHUMAWALA, B.M., -1975-: A Branch and Bound Algorithm for Assembly Line Balancing with Paralleling, in: IJPR 13, S. 183 ff.

PLANE, D.R. - MC MILLAN, C., -1971-: Discrete Optimization, Englewood Cliffs

PRENTING, T.O., -1967-: Research and Development of Analytical Systems to Reduce Product Assembly Costs, in: JIE 18, S. 101 ff.

PRENTING, T.O. - BATTAGLIN, R.M., -1964-: The Precedence Diagram: A Tool for Analysis in Assembly Line Balancing, in: JIE 15, S. 208 ff.

PROFFEN, H., -1964-: Möglichkeiten und Grenzen einer betriebswirtschaftlichen Interpretation von Netzwerkflußmodellen, Diss. Köln

RAMSING, K. - DOWNING, R., -1970-: Assembly Line Balancing with Variable Element Times, in: IE 2, S. 41 ff.

REINERS, H., -1968-: Erscheinungsformen der Fließfertigung, Diss. Erlangen-Nürnberg

RIEBEL, P., -1963-: Industrielle Erzeugungsverfahren in betriebswirtschaftlicher Sicht, Wiesbaden

ROBERTS, S.D. - VILLA, C.D., -1970-: On a Multiproduct Assembly Line Balancing Problem, in: AT 2, S. 361 ff.

SALKIN, H. - SPIELBERG, K., -1968-: Adaptive Binary Programming, IBM New York Scientific Center Report No. 320-2951, 1968

SALVESON, M.E., -1955-: The Assembly Line Balancing Problem, in: JIE 6, S. 18 ff.

SAWYER, J.H.F., -1970-: Line Balancing, Brighton

SCHÄFER, E., -1969-: Der Industriebetrieb, Bd. 1, Köln - Opladen

SCHNEEWEIß, C., -1974-: Dynamisches Programmieren, Würzburg - Wien

SCHNEEWEIß, H., -1967-: Entscheidungskriterien bei Risiko, Berlin - Heidelberg - New York

SEELBACH, H., -1970-: Die Planung mehrstufiger Produktionsprozesse in Mehrproduktunternehmen mit Hilfe von Simulationsverfahren, unveröffentlichte Habilitationsschrift der Universität Köln

SEELBACH, H., -1974-: Ablaufplanung, in: Handwörterbuch der Betriebswirtschaft, 4. Aufl., Stuttgart, Sp. 9 ff.

SEELBACH, H., -1975-: Die Ablaufplanung als Entscheidungsproblem bei mehrfacher Zielsetzung, Arbeitspapier Nr. 7 des Seminars für Allgemeine Betriebswirtschaftslehre und Verkehrsbetriebslehre, Hamburg

SEELBACH, H. unter Mitarbeit von FEHR, H. - HINRICHSEN, J. - WITTEN, P. - ZIMMERMANN, H.-G., -1975-: Ablaufplanung, Würzburg - Wien

SIEGEL, T., -1974-: Optimale Maschinenbelegungsplanung, Berlin

SIMON, H.A. - NEWELL, A., -1958-: Heuristic Problem Solving: The Next Advance in Operations Research, in: OR 6, S. 1 ff.

STARR, M.K., -1971-: Systems Management of Operations, Englewood Cliffs

STEFFEN, R., -1973-: Die Bestimmung von Taktzeit und Stationenzahl bei Fließbandfertigung unter Berücksichtigung von Lernprozessen, in: Zeitschrift für betriebswirtschaftliche Forschung 25, S. 99 ff.

TAHA, H.A., -1972-: A Balasian-Based Algorithm for Zero-One Polynomial Programming, in: MS 18, S. 328 ff.

THANGAVELU, S.R., -1969-: Assembly Line Balancing by 0-1 Integral Programming, Diss. Georgia Institute of Technology, Atlanta

THANGAVELU, S.R. - SHETTY, C.M., -1971-: Assembly Line Balancing by Zero-One Integer Programming, in: AT 3, S. 61 ff.

THOMAS, W.H. - REEVE, N.R., -1972-: Balancing Continuous Stochastic Assembly Lines, in: Technical Papers, 23rd Annual Conference and Convention of the American Institute of Industrial Engineers, Anaheim, Cal., S. 409 ff.

THOMOPOULOS, N.T., -1966-: A Sequencing Procedure for a Multi-Model Assembly Line, Diss. Illinois Institute of Technology, Chicago

THOMOPOULOS, N.T., -1967-: Line Balancing - Sequencing for Mixed-Model Assembly, in: MS 14, S. B 59 ff.

THOMOPOULOS, N.T., -1968-: Some Analytical Approaches to Assembly Line Problems, in: PE 47, S. 345 ff.

THOMOPOULOS, N.T., -1970-: Mixed Model Line Balancing with Smoothed Station Assignments, in: MS 16, S. 593 ff.

THOMOPOULOS, N.T. - LEHMAN, M., -1969-: The Mixed Model Learning Curve, in: AT 1, S. 127 ff.

TONGE, F.M., -1959-: Summary of a Heuristic Line Balancing Procedure, The RAND Corporation, P-1799, Santa Monica

TONGE, F.M., -1960/1-: A Heuristic Program for Assembly Line Balancing, The RAND Corporation, P-1993, Santa Monica

TONGE, F.M., -1960/2-: Summary of a Heuristic Line Balancing Procedure, in: MS 7, S. 21 ff.

TONGE, F.M., -1961-: A Heuristic Program for Assembly Line Balancing, Englewood Cliffs

TONGE, F.M., -1965-: Assembly Line Balancing Using Probabilistic Combinations of Heuristics, in: MS 11, S. 727 ff.

VERBAND FÜR ARBEITSSTUDIEN - REFA - E.V. (Hrsg.), -1972-: Methodenlehre des Arbeitsstudiums, Teil 2: Datenermittlung, 2. Aufl., München

WALKER, J.R., -1959-: A Study of Element Independence in Work Cycles, Diss. Georgia Institute of Technology, Atlanta

WATTERS, L.J., -1967-: Reduction of Integer Polynomial Programming Problems to Zero-One Linear Programming Problems, in: OR 15, S. 1171 ff.

WEDEKIND, H., -1963-: Ein linearer Programmansatz für das Fließbandproblem, in: APF 4, S. 245 ff.

WEINBERG, F. - ZEHNDER, C.A. (Hrsg.), -1969-: Heuristische Planungsmethoden, Berlin - Heidelberg - New York

WESTER, L. - KILBRIDGE, M.D., -1962-: Heuristic Line Balancing: A Case, in: JIE 13, S. 139 ff.

WESTER, L. - KILBRIDGE, M.D., -1964-: The Assembly Line Model-Mix Sequencing Problem, in: Proceedings of the Third International Conference on Operational Research, Oslo 1963, London - Paris, S. 247 ff.

WHITE, W.W., -1961-: Comments on a Paper by Bowman, in: OR 9, S. 274 ff.

WIEST, J.D., -1966-: Heuristic Programs for Decision Making, in: Harvard Business Review 44, S. 129 ff.

WILD, R., -1971-: The Techniques of Production Management, London

WILD, R., -1972-: Mass-Production Management, The Design and Operation of Production Flow-Line Systems, London et al.

YOUNG, H.H., -1967-: Optimization Models for Production Lines, in: JIE 18, S. 70 ff.

ZÄPFEL, G., -1973-: Ausgewählte fertigungswirtschaftliche Optimierungsprobleme von Fließfertigungssystemen, Habilitationsschrift Karlsruhe

ZEHNDER, C.A., -1969-: Das Prinzip der heuristischen Methoden, in: WEINBERG - ZEHNDER -1969-, S. 7 ff.

ZIMMERMANN, H.-G., -1975-: Planung von Leitungsnetzwerken - Modelle und Lösungsverfahren-, Göttingen

ZIMMERMANN, H.-J. - SOVEREIGN, M.G., -1974-: Quantitative Models for Production Management, Englewood Cliffs

ZIMMERMANN, W., -1965-: Modellanalytische Verfahren zur Bestimmung optimaler Fertigungsprogramme, Diss. Berlin

ZSCHOCKE, D., -1964-: Die Behandlung von Entscheidungsproblemen mit Hilfe des Dynamischen Programmierens, in: Ufo 8, S. 101 ff.

Symbolverzeichnis

a_{ik}	Element der Vorrangmatrix $A(\zeta)$
a_{ik}^*	Element der Adjazenzmatrix $A^*(\zeta)$
$A(\zeta)$	Vorrangmatrix, die sämtliche Reihenfolgebeziehungen zwischen den Arbeitselementen wiedergibt
$A^*(\zeta)$	Adjazenzmatrix, die nur die direkten Reihenfolgebeziehungen zwischen den Arbeitselementen wiedergibt
$A_N(\zeta)$	Nachfolgermatrix, die die direkten Nachfolger der Arbeitselemente angibt
$A_V(\zeta)$	Vorgängermatrix, die die direkten Vorgänger der Arbeitselemente angibt
b_i	Variable, die den Startzeitpunkt des Arbeitselementes i angibt
B	Kantenmenge des Vorranggraphen
c	Taktzeit (Entscheidungsvariable)
$\hat{c}$	"Beste" Taktzeit bei stochastischen Elementzeiten
c^+	"Beste" Taktzeit für eine bestimmte Mindestwahrscheinlichkeit
$\bar{c}$	Vorgegebene Taktzeit bei der klassischen Fließbandabstimmung
c_o	Obere Grenze für die Taktzeit bei deterministischen Elementzeiten
c_o'	Taktzeitobergrenze bei stochastischen Elementzeiten
c_u	Untere Grenze für die Taktzeit bei deterministischen Elementzeiten
c_u'	Taktzeituntergrenze bei stochastischen Elementzeiten

c_u^*	Taktzeituntergrenze bei stochastischen Elementzeiten und einer für alle Stationen gleich hohen Mindestwahrscheinlichkeit
c_ν	Taktzeit der ν-ten (c, m) - Kombination bei deterministischen Elementzeiten
c'_ν	Taktzeit der ν-ten (c', m') - Kombination bei stochastischen Elementzeiten
C	Große Zahl ($< \infty$)
d_i	Ganzzahlige Variable, die diejenige Arbeitsstation angibt, an der das Arbeitselement i ausgeführt wird
D	Durchlaufzeit einer Erzeugniseinheit
D_{max}	Theoretisch maximale Durchlaufzeit einer Erzeugniseinheit
D^*	Variable, die den Fertigstellungszeitpunkt des Arbeitselementes angibt, das in der Reihenfolge aller Arbeitselemente an letzter Stelle steht
E(...)	Erwartungswert
f_i	Arbeitsstation, der das Arbeitselement i frühestens zugeteilt werden kann
f_i^*	Arbeitsstation, der das Arbeitselement i bei der klassischen Fließbandabstimmung frühestens zugeteilt werden kann
F	Zulässige Teilfolge von Arbeitselementen
g_j	Gewichtungsfaktor für die Station j
G	Gewinn pro Schicht als Differenz des Überschusses der Erlöse über die Materialkosten und der Personal- und/oder Maschinenkosten
G_ν^*	Theoretisch erreichbarer Gewinn für die ν-te (c, m) - Kombination bei deterministischen Elementzeiten
$G^*(c)$	Funktion des theoretisch erreichbaren Gewinns in Abhängigkeit der Taktzeit bei deterministischen Elementzeiten
G'_ν	Theoretisch erreichbarer Gewinn für die ν-te (c', m') - Kombination bei stochastischen Elementzeiten (vor Abzug der Nachbearbeitungskosten)

G^+ Effektiver Gewinn, d.h. Gewinn nach Abzug der gesamten Nachbearbeitungskosten bei stochastischen Elementzeiten

$G^+_{\hat{\nu}}$ Effektiver Gewinn für die (c', m') - Kombination $\hat{\nu}$

G^+_{max} Maximaler effektiver Gewinn für eine bestimmte Mindestwahrscheinlichkeit

$\hat{G}^+_{max}$ Höchster effektiver Gewinn aller untersuchten Mindestwahrscheinlichkeiten

$\mathcal{G}$ Vorranggraph

h_i Arbeitsstation, der das Arbeitselement i spätestens zugeteilt werden muß

h^*_i Arbeitsstation, der das Arbeitselement i bei der klassischen Fließbandabstimmung spätestens zugeteilt werden muß

i Index der Arbeitselemente ($i = 1,\ldots,I$)

i^+ Durch Prioritätsregel bestimmtes Arbeitselement

I Anzahl der Arbeitselemente eines Fließbandabstimmungsproblems

I_1 Anzahl der Arbeitselemente, deren Elementzeit größer als die Hälfte der Taktzeit ist

I_2 Anzahl der Arbeitselemente, deren Elementzeit mit der Hälfte der Taktzeit übereinstimmt

j Index der eingerichteten Arbeitsstationen ($j = 1,\ldots,N$)

J Obergrenze für die Zahl der einzusetzenden Stationen bei der klassischen Fließbandabstimmung

J_o Obere Schranke für die Zahl der einzusetzenden Stationen

J_u Untere Schranke für die Zahl der einzusetzenden Stationen

k_j Nachbearbeitungskosten für diejenigen Erzeugniseinheiten, die an der Station j vom Fließband abgenommen werden

k_m	Materialkosten pro Erzeugniseinheit
K_N	Gesamte Nachbearbeitungskosten
$K_{\hat{\nu}}$	Gesamte Nachbearbeitungskosten für die (c', m') - Kombination $\hat{\nu}$
K_j^P	Personal- und/oder Maschinenkosten pro Schicht für die Arbeitsstation j
$K^P(c)$	Funktion der theoretisch minimalen Personal- und/oder Maschinenkosten in Abhängigkeit der Taktzeit
l_j	Leerzeit der Station j
L	Gesamtleerzeit (absoluter Abstimmungsverlust)
$\bar{L}$	Gesamtleerzeit bei der klassischen Fließbandabstimmung
L_{min}	Theoretisch minimale Gesamtleerzeit bei deterministischen Elementzeiten
L'_{min}	Theoretisch minimale Gesamtleerzeit bei stochastischen Elementzeiten
$\bar{L}_{min}$	Theoretisch minimale Gesamtleerzeit bei der klassischen Fließbandabstimmung
L^*	Relativer Abstimmungsverlust
LV	Logische Variable
$\bar{m}$	Theoretisch minimale Zahl der Stationen für die vorgegebene Taktzeit $\bar{c}$
m_ν	Zahl der Stationen der ν-ten (c, m) - Kombination bei deterministischen Elementzeiten
m'_ν	Zahl der Stationen der ν-ten (c', m') - Kombination bei stochastischen Elementzeiten
M_o	Menge der Arbeitselemente, die keine Nachfolger besitzen
$\|M_o\|$	Mächtigkeit der Menge M_o, d.h. Anzahl der Arbeitselemente ohne Nachfolger
M_j	Menge der der Station j zugeordneten Arbeitselemente
M_j^*	Menge der der Station j zuteilbaren Arbeitselemente

M_Z	Menge der natürlichen Zahlen
n_j	Anzahl der Erzeugniseinheiten, die an der Station j vom Fließband abgenommen werden und in Reparaturstationen nachbearbeitet werden
N	Anzahl der eingerichteten Arbeitsstationen
$\hat{N}$	"Beste" Zahl der Stationen bei stochastischen Elementzeiten
N^+	"Beste" Zahl der Stationen für eine bestimmte Mindestwahrscheinlichkeit
N_{max}	Maximal mögliche Zahl der Arbeitsstationen aufgrund der bestehenden Personal- und Betriebsmittelkapazität
N_{min}	Minimale Zahl der Stationen bei der klassischen Fließbandabstimmung
p	Absatzpreis einer Erzeugniseinheit
P_i	Prioritätsziffer des Arbeitselementes i
Pr(...)	Wahrscheinlichkeit
q	Index der zulässigen Teilmengen von Arbeitselementen im graphentheoretischen Lösungsansatz ($q = 0,1,...,\bar{q}$)
Q	Anzahl der Paare von Arbeitselementen, die keinen Reihenfolgebedingungen unterliegen
R	Anzahl der direkten Reihenfolgebeziehungen
R^*	Zahl der effektiven Reihenfolgebeziehungen
s_j	Binärvariable (Stationsvariable), die den Wert 1 annimmt, wenn die Station j benötigt wird
s_j^*	Binärvariable, die den Wert 1 annimmt, wenn der Station j keine Arbeitselemente zugeteilt werden
S	Zulässige Teilmenge von Arbeitselementen bei der dynamischen Programmierung
S_q	Zulässige Teilmenge von Arbeitselementen im graphentheoretischen Lösungsansatz
t_i	Vorgegebene Elementzeit des Arbeitselementes i
$\tilde{t}_i$	Zufällige Elementzeit des Arbeitselementes i

T	Schichtzeit (reine Arbeitszeit einer Schicht)
u_{ik}	Binärvariable, die den Wert 1 annimmt, wenn Arbeitselement i vor Arbeitselement k ausgeführt wird
U	Menge der nicht zugeteilten Arbeitselemente
$\ddot{U}(c)$	Funktion des Überschusses der Erlöse über die Materialkosten in Abhängigkeit der Taktzeit
v_κ, v^*_π	Binärvariable, mit deren Hilfe die Produktionsmenge bzw. die Taktzeit durch ihre binäre Entwicklung ersetzt wird ($\kappa = 0,...,\bar{\kappa}-1$; $\pi = 0,...,\bar{\pi}-1$)
V	Knotenmenge des Vorranggraphen
$Var(...)$	Varianz
w_j	Wartezeit einer Erzeugniseinheit an der Station j
W	Menge aller Arbeitselemente eines Fließbandabstimmungsproblems
x_{ij}	Binärvariable (Zuordnungsvariable), die den Wert 1 annimmt, wenn das Arbeitselement i der Station j zugeordnet wird
x^*_{ij}	Binärvariable, die den Wert 1 annimmt, wenn das Arbeitselement i der Station j nicht zugeordnet wird
X	Produktionsmenge einer Schicht
X_a	Durch die Absatzmöglichkeiten bestimmte Obergrenze der Produktionsmenge pro Schicht
X_m	Durch die verfügbare Produktionskapazität determinierte Obergrenze der Produktionsmenge pro Schicht
X_o	Obergrenze der Produktionsmenge pro Schicht aufgrund der Absatzmöglichkeiten und der bestehenden Produktionskapazität
X_u	Untergrenze der Produktionsmenge pro Schicht
y_{ij}	Ganzzahlige Variable, die die Zeit angibt, die die Station j für die Ausführung des Arbeitselementes i aufwendet
z	Zielfunktion(swert)
z_o	Obere Schranke des Zielfunktionswertes

α_j Wahrscheinlichkeit, daß eine Erzeugniseinheit an der Station j vom Fließband abgenommen und nachbearbeitet werden muß

β_{ij} Koeffizienten der Zuordnungsvariablen x_{ij}

γ_i^+ Risikozuschlag auf den Erwartungswert der zufälligen Elementzeit des Arbeitselementes i

γ_j^- Risikoabschlag auf die Taktzeit für die Station j

Γ_i Menge sämtlicher Nachfolger des Arbeitselementes i

$|\Gamma_i|$ Mächtigkeit der Menge Γ_i, d.h. Anzahl sämtlicher Nachfolger des Arbeitselementes i

Γ_i^d Menge der direkten Nachfolger des Arbeitselementes i

$|\Gamma_i^d|$ Mächtigkeit der Menge Γ_i^d, d.h. Anzahl der direkten Nachfolger des Arbeitselementes i

δ Wahrscheinlichkeit, mit der die Taktzeit an allen Arbeitsstationen mindestens eingehalten werden muß

δ^+ Schrittweite der Mindestwahrscheinlichkeit δ

$\hat{\delta}$ "Beste" Mindestwahrscheinlichkeit

δ_j Wahrscheinlichkeit, mit der die Taktzeit an der Station j mindestens eingehalten werden muß

$\Delta[\zeta(F), t_i]$ Zeit, um die die Zeit $\zeta(F^*)$ der zulässigen Teilfolge F^* zunimmt, wenn der zulässigen Teilfolge F das Arbeitselement i hinzugefügt wird

$\Delta[\zeta^*(S\setminus\{i\}), t_i]$ Zeit, um die die Zeit $\zeta^*(S)$ der zulässigen Teilmenge S zunimmt, wenn der zulässigen Teilmenge $S\setminus\{i\}$ das Arbeitselement i hinzugefügt wird

ε Element aus

$\zeta(F)$ Zeit, die unter Berücksichtigung der Taktzeit für die Bearbeitung der in der zulässigen Teilfolge F enthaltenen Arbeitselemente erforderlich ist

$\zeta^*(S)$ Minimale Zeit für die Ausführung der in der zulässigen Teilmenge S enthaltenen Arbeitselemente

η Kapazitätsausnutzungsgrad

Θ_q	Summe der Elementzeiten der in der zulässigen Teilmenge S_q enthaltenen Arbeitselemente
$\bar{\kappa}$	Zahl der Binärvariablen v_κ
Λ_i	Menge aller Vorgänger des Arbeitselementes i
μ_i	Erwartungswert der zufälligen Elementzeit des Arbeitselementes i
ν	Index der Kombinationen der Taktzeit und der Zahl der Stationen ($\nu = 1,\ldots,\bar{\nu}$)
$\hat{\nu}$	Kombination der Taktzeit und der Zahl der Stationen mit dem höchsten theoretisch erreichbaren Gewinn
ξ	Standardnormalverteilte Zufallsvariable
$\bar{\xi}$	Sicherheitsfaktor für alle Stationen
$\bar{\xi}_j$	Sicherheitsfaktor für die Station j
$\bar{\xi}_{min}$	Minimaler Sicherheitsfaktor
Ξ	Menge der zuweisbaren Arbeitselemente
$\bar{\pi}$	Zahl der Binärvariablen v_π^*
Π	Produktzeichen
ρ	Vorrangstrenge
σ_i	Standardabweichung der zufälligen Elementzeit des Arbeitselementes i
σ_i^2	Varianz der zufälligen Elementzeit des Arbeitselementes i
Σ	Summenzeichen
τ_j	Stationszeit der Station j bei deterministischen Elementzeiten
$\tilde{\tau}_j$	Zufällige Stationszeit der Station j
$\tilde{\tau}_j^*$	Zufällige Stationszeit der Station j im stochastischen ganzzahligen nichtlinearen Programmierungsmodell
$\Phi(\xi)$	Verteilungsfunktion der Standardnormalverteilung
χ	Vollständige Kombination von Arbeitselementen

Ψ_i	Rangwert des Arbeitselementes i
Ω_j	Menge der in einer Teilfolge enthaltenen Arbeitselemente, für die j Stationen erforderlich sind
$\emptyset$	Leere Menge

Schriftenreihe des Seminars für Allgemeine Betriebswirtschaftslehre der Universität Hamburg

Herausgeber:

Seminar für Allgemeine Betriebswirtschaftslehre der Universität Hamburg
Der Geschäftsführende Seminardirektor

Band 1
Grundlagen und Probleme der betriebswirtschaftlichen Risikotheorie
Von Dr. Lothar Streitferdt — 216 Seiten

Band 2
Planung der Instandhaltung
Von Dr. Willi Küpper — 443 Seiten

Band 3
Programmplanung bei Auftragsfertigung unter besonderer Berücksichtigung des Terminwesens
Von Dr. Günter Czeranowsky — 185 Seiten

Band 4
Entscheidungsprozeß und Mitbestimmung
Ein Beitrag zur Grundlagendiskussion um die Demokratisierung von Unternehmungen
Von Dr. Dietrich Budäus — 219 Seiten

Band 5
Simulationsmodelle ganzer Unternehmungen
Von Dr. Johannes Ludewig — 242 Seiten

Band 6
Anpassungsmodelle im Handel
Von Dr. Renate Breitfeld — 190 Seiten

Band 7
Ein Dyopolmodell mit Gleichgewichtslösungen
Von Dr. Hans-Lüder Haas — 160 Seiten

Band 8
Langfristige Personalplanung auf der Grundlage von Investitionsmodellen
Von Dr. Harald Strutz — 272 Seiten

Band 9
Verkaufsflächeninterne Standortplanung
Von Dr. Helmut Dähne — 176 Seiten

Band 10
Zur Optimierung Markoffscher Markenwahlprozesse mit Hilfe der Preispolitik
Von Dr. Klaus Trilck — 180 Seiten

Band 11
Ablaufplanung bei Fließfertigung
Von Dr. Heiner Klenke — 220 Seiten

Band 12
Kapitalstruktur-Entscheidungen bei bilanzorientierter Finanzplanung
Von Dr. Helge Jansen — 295 Seiten

Die Reihe wird fortgesetzt. Die Bände können einzeln bezogen werden.

Betriebswirtschaftlicher Verlag Dr. Th. Gabler · Wiesbaden